山西特色杂粮

深加工技术研究

朱俊玲◎著

中国农业出版社
北 京

FOREWORD

山西省地处黄土高原，素有"表里山河"之称，大部分地区海拔达1 500米以上，是黄河中游峡谷和太行山之间的高原地带。冬寒夏暖，四季分明，南北及垂直差异较大，如此独特的地域环境形成了山西的特色农业，使山西成为典型的以杂粮生产为主的省份。山西省杂粮的多样性源于地理环境和气候条件的复杂性，具有粗杂粮品种产量多、精细粮品种产量少的特点。山西生产的粮食品种多达10余种，除大宗农产品小麦、玉米之外，还有薯类、谷子、糜黍、高粱、大豆、红小豆、绿豆、莜麦、稻谷等。近些年，山西粮食生产快速发展，粮食需求增加，但经济和城镇化的加快发展占用了耕地资源，需要购入粮食来满足需求。

在各级政府的大力支持下，山西分别形成了谷子、高粱、燕麦、荞麦、糜黍、杂豆等多个创新团队，围绕杂粮种质资源创制、专用型新品种选育及高效丰产生产技术集成示范，结合新品种特性和地域性生态条件，开展有机、绿色、GAP（良好农业规范）等规范化生产技术研发和新品种、新技术示范推广，在全省杂粮主产区建立产业化生产示范区和示范基地，提升了杂粮作物的生产水平，促进了杂粮由零星生产向优势产区的产业化生产的转变，有力地促进了杂粮生产的标准化、规模化和产业化，一些示范基地已经成为知名企业的原料生产基地，进一步促进了农业增效、农民增收。山西省格外重视杂粮加工产业，这是杂粮实现现代化农业发展的必要条件，经加工的杂粮不再是终极产品，而是初级产品，因为许多产品并不是经过一次加工就能形成的，而是需要经过多次深加工才能形成。杂粮加工最终能带来农业的资金积累，转移农业劳动力，为城市的发展创造物质条件。本书在山西杂粮研究的基础上，对山西特色杂粮深加工技术进行探讨。

本书内容全面、结构清晰，涵盖了杂粮以及加工产业的各个方面，尤其是对杂粮加工的基本工作原理、加工过程的关键内容进行详细的介绍说明。书中有笔者多年来的教学经验总结，有近几年国内外杂粮加工的重大科技成果，参考了大量的文献资料，力求内容翔实，理论方面深入浅出，可满足各个层次的读者需求。

本书在撰写过程中得到许多专家学者的帮助和指导，在此表示真诚的感谢。受水平所限，书中难免有疏漏之处，恳请同行学者和广大读者予以批评指正，以求进一步完善。

作　者
2020 年 6 月

C O N T E N T S

第一章 概　述

　　杂粮泛指生长周期短，种植面积少，种植地区和种植方法特殊，有特种用途的粮豆。"杂粮"是在计划经济时期出现的分类方法。相对于主粮，杂粮有着特殊的营养价值。本章对中国杂粮产业、山西特色杂粮、杂粮的营养价值、杂粮的深加工技术进行简单的论述。

第一节　中国杂粮产业

一、杂粮在中国产业结构中的地位

　　我国的杂粮大体分 4 类：第一类是谷物类，如高粱、粟、糜子、大麦、燕麦、荞麦、玉米等；第二类是杂豆类，如芸豆、绿豆、红豆、扁豆、豌豆、蚕豆等；第三类是薯类，主要指红薯、马铃薯等；第四类是小油料类，如紫苏、芸芥等。玉米在世界范围内种植面积和总产量都较大，但在我国，人们习惯上将其归为杂粮。

（一）杂粮是抗旱救灾的特色作物

　　杂粮在我国分布很广，各地均有种植。从地理分布特点看，主要分布在我国高原地区，即黄土高原、内蒙古高原、云贵高原和青藏高原；从生态环境分布特点看，主要分布在我国生态条件较差的地区，即干旱半干旱地区、高寒地区；从经济发展区域分布特点看，主要分布在我国经济欠发达的少数民族地区、边疆地区、贫困地区和革命老区；从行政区域分布特点看，主要分布在内蒙古、河北、山西、陕西、甘肃、宁夏、青海、新疆、云南、四川、贵州、重庆、西藏、黑龙江、吉林等 20 多个省份。

　　杂粮耐旱、耐瘠能力较强，播种出苗期和水肥临界期与自然降水规律比较吻合，对水、肥的需求比较少，抗寒、抗旱能力强，适应性广，适播时间长，各种小杂粮^①的播种时间为 3 月至 7 月中旬，近 4 个月。灾害发生时，小杂粮是播种或补种的首选作物。小杂豆具有良好的固氮作用，是耕作制度改革和种植业结构调整中不可多得的好茬口。各种小杂粮相互配合，形成了抵御干旱、避灾保丰收的绿色屏障。

（二）杂粮是发展粮食生产的潜力产业

人口增长、土地减少、环境恶化是人类生存面临的三大难题。据联合国粮农组织（全称联合国粮食及农业组织）的相关数据，在新冠疫情之前，全球仍有 6.9 亿人挨饿。亿万民众缺乏微量营养素，而且令人担忧的是，所有年龄、阶层和国别的超重人数都在以惊人的速度增长。疫情导致食物不足人数增加了 1.32 亿，凸显了世界农业粮食体系的重要性和脆弱性。因此，确保粮食持续增产一直为联合国及各国政府所关注，我国尤甚。2019 年，山西省生产的杂粮以玉米、小麦为主，玉米、小麦、谷子、豆类、薯类产量占山西省粮食总产量的比重分别是 69%、17%、4%、3%、4%。杂粮的平均生产水平与大面积试验示范水平相比，荞麦相差 1.5 吨/公顷，莜麦相差 2.4 吨/公顷，绿豆相差 1.65 吨/公顷，小豆相差 1 吨/公顷，豌豆、蚕豆相差 1~1.2 吨/公顷。改善生产条件，改良并推广优良品种和配套增产技术，可提高杂粮单产、增加粮食总产。

（三）杂粮是食品工业的原料源

杂粮营养价值很高，还含有特殊营养素。大麦是啤酒工业的原料，荞麦、莜麦蛋白质含量高，富含多种氨基酸且配比合理，其所含的亚油酸、黄酮苷、酚类及特有的镁、铁、锌、硒、钙等营养素，有降血脂、降血糖、软化血管和防治地方病等调治效果，是保健食品原料。绿豆、小豆、豌豆、蚕豆、芸豆、黑豆等食用豆类，蛋白质含量比禾谷类粮种高 1~2 倍，富含氨基酸，含有核酸、胡萝卜素、膳食纤维、维生素 B、维生素 C、维生素 E 等，是很好的食品工业的原料源。

（四）杂粮是绿色食品源

人是自然的产物，要靠食物调节身体、保持健康，就要尽量摄取自然态的食物，即吃"杂食"。国际自然医学会会长森下敬一指出，从高加索地区到新疆的长寿地带人群的食物均取自自然界，多为普通易得的粮食、蔬菜，很少进食肉食和精加工食品，因此他们很少患病，寿命也长。杂粮有独特的优势，营养丰富，是传统及现代食物源，更是重要的粮食品种。杂粮主要生长地区光照

---

① 小杂粮由除稻谷、小麦、玉米以外的谷物，以及除大豆以外的豆类组成。

充足，昼夜温差大，无霜期短，自然优势明显，生产的小杂粮种类多，颗粒饱满，色泽纯正，营养丰富；加之小杂粮生长地区海拔高，工矿企业很少，污染少，且生产过程中不使用农药，很少施用化肥，因此小杂粮多是纯天然的绿色食品，无有害物质，是颇受人们青睐的天然食品源。

（五）杂粮是养殖业的饲料源

养殖业是食品工业的重要原料支柱，发展饲料工业是发展养殖业、增加动物性食物产量的前提。饲料工业的重点是蛋白饲料的开发利用。杂粮营养价值高，其茎秆富含蛋白质，是世界公认的优质饲料。大麦营养价值较全面，饲用价值高于其他谷类作物。糜子、谷子秸秆对解决干旱、半干旱地区饲料缺乏问题具有十分重要的作用。豆类的籽粒、秕粒、碎粒、荚壳、茎叶蛋白质含量较高，粗脂肪丰富，茎叶柔软易消化，饲料单位高，且比其他饲料作物耐瘠、耐阴、耐旱，生长快、生长期短。种植小杂粮能在较短时间内获得较多的青体茎秆和干草，对畜牧业的发展有直接的影响。

（六）杂粮是我国传统的出口产品

在世界贸易中，我国出口到国外的土特产品里，杂粮是大宗产品。如出口到日本的荞麦、绿豆、小豆，出口到我国香港、澳门、台湾及新加坡、马来西亚、泰国的黑豆、小豆，出口到法国、意大利、加拿大的豆类、谷穗、谷子、糜子。20 世纪 90 年代以来，为满足市场需要，实现杂粮产品加工增值，提高我国杂粮产品在国际市场的竞争力，许多科研单位和小杂粮企业先后开发研制了许多具有中国特色的加工产品，并已有小批量出口产品。1999—2018 年，中国杂粮出口量从 97.22 万吨减少到 51.79 万吨，2013—2018 年，我国杂粮出口额与出口量的下降趋势保持一致，杂粮出口创汇能力有所减弱，这可能是受国内杂粮消费需求增加以及中国杂粮国际竞争力减弱的双重影响（曲佳佳等，2021）。据海关统计，2018 年，中国粮食出口量为 366 万吨，同比增长 30.7%，出口额为 21.88 亿美元，同比增长 13.1%。2019 年 1—10 月，中国粮食出口量为 366 万吨，出口额为 19.59 亿美元。2020 年中国粮食出口量为 354 万吨，出口额为 202 666.9 万美元。

（七）杂粮是贫困地区的经济源

我国杂粮主要种植在原晋察冀、陕甘宁等为中国革命作出了巨大贡献但生活条件改善不多的革命老区，干旱、半干旱、寒冷、半寒冷的黄土高原山区以及少数民族聚居的边远山区。多年来，由于我国种植业存在"杂粮不入流"的情况，既影响了杂粮的发展，又扩大了发达地区和贫困地区的经济差距。因此，加强杂粮的科学研究，发展杂粮生产，形成杂粮产业，有利于革命老区、山区、少数民族地区脱贫致富，成为新的经济增长点，同时有利于民族团结。

二、当前中国杂粮产业的发展趋势

杂粮既是传统口粮，又是现代保健珍品。随着人们生活水平的提高，国内对优质杂粮的需求正在增长，而产业结构的调整也为杂粮的产业化发展提供了良好的机遇，杂粮产业巨大的开发潜力和市场拓展潜力日益凸显。近年来，我国杂粮产业出现生产蓄势待发、加工业发展步伐加快和流通日趋活跃的新态势，值得高度关注。

（一）杂粮良种推广工作相继展开

近年来，我国相继从澳大利亚、美国、法国、新西兰等10个国家引进杂粮优良品种。与此同时，部分科研机构相继开展了杂粮良种繁育以及新品种推广工作，有的与企业联合开发培育，有的到气候条件适宜地区进行繁育。据悉，国家科技支撑计划（农业领域）项目——大田经济作物和特色杂粮优质高效生产技术研究目前进展迅速，示范开发成效显著。项目围绕谷子、高粱、大麦、燕麦等特色杂粮新品种选育、增值利用、绿色供应链等内容，开展杂粮作物分子标记及育种技术研究，创制和筛选出一批优质、特质、抗病、抗逆、抗除草剂的优异新材料，选育了一批优质、高产、抗旱、抗逆性强、适合产业化生产的杂粮新品种。

（二）政府和有关方面的支持有所增加

在杂粮生产地，政府对种植者有一定的扶持帮助。

一是政府制定优惠政策。如山西省对种植小杂粮的农户每公顷补贴75元；宁夏回族自治区支持建设马铃薯贮藏窖，每个建窖农户可补贴60%左右，以解决马铃薯储藏问题，促进马铃薯生产发展，增加农民收入。

二是粮食部门采取多种措施，支持杂粮生产的发展。四川、河南、甘肃等省份的部分国有粮食购销企业通过发展订单农业，争取中国农业发展银行贷款，按照优质优价的原则确定订单收购价，有的还提供优良品种，引导和扶持农民种植优质品种。

三是有关龙头企业开展产业经营，对需要的杂粮品种实行订单生产，给予种苗、薄膜、化肥等有偿支持。

（三）杂粮加工业发展步伐加快

近几年我国杂粮初加工有了较大的发展。我国的杂粮加工企业逐渐增加、完善，提高了杂粮产品的质量与产量，改变了传统食用原粮、出口原粮的加工状况。杂粮的精深加工从无到有，发展速度较快，平均每年新开发的以杂粮为原料的口感好的有机食品、营养食品、保健食品等系列食品和工业产品近 200种，深受消费者的欢迎。在杂粮初加工与精深加工不断发展的同时，我国杂粮个体经营和大企业经营也在发展。自 20 世纪 80 年代中期放开杂粮经营后，杂粮基本上都由个体小规模企业加工经营，近两年国内新开办的杂粮大型加工企业在 100 家以上，其特点是规模经营、精深加工、引进外资。

(四) 杂粮流通日趋活跃

近些年，杂粮城乡专营和兼营的集贸市场继续发展，大、中、小型杂粮专业和兼营批发市场竞相发展。据不完全统计，我国大、中型杂粮专营批发市场已有几十家，年成交量达 300 多万吨。一批杂粮经纪人以及多元化、大中小型杂粮批发商、物流配送商、运销商、各种展示交易会等纷纷出现，杂粮贸易量逐年增加，流通日趋活跃。与此同时，杂粮零售业也在迅速发展。多数城镇超市、粮油食品及副食品零售商店、城乡集贸市场都经营杂粮及其制成品。一些零售商店采用网上购物、电话送货等措施，方便群众购买。

第二节　山西特色杂粮

一、山西生态特征与杂粮优势

山西省小杂粮总种植面积每年高达 1 500 万亩*，占全国小杂粮种植面积总量的 1/10 以上，占山西省农作物种植面积的 1/3 以上，小杂粮年产量占山西省粮食总产量的 1/4。山西省种植的小杂粮主要分为七大类，包括谷类、豆类、麦类、茎类、薯类、黍类以及糜类，共计 120 余种。据农业农村部 2016年粮食产量统计数据，山西省的小杂粮年产量高达 220 万吨（冯明，2020），小杂粮种类多，素有"小杂粮王国"的美称。山西杂粮的优势主要体现在 3 个方面。

(一) 生态优势

山西省地处华北平原西侧的黄土高原，属温带季风气候，南北跨 6 个纬度，南起北纬 $34°34'$，北至北纬 $40°44'$，东起东经 $114°2'$，西至东经 $110°15'$。省境四周大多为山河环绕，东和东南倚太行山，与河北、河南两省接壤，西和

---

* 亩为非法定计量单位，1 亩≈666.7 米²。——编者注

西南隔黄河，与陕西、河南相望，北以长城与内蒙古自治区相连，是我国黄土高原的重要组成部分。全省除少数地方基岩裸露外，大部分地区覆盖着10～30米厚的黄土，高原内部起伏不平，河谷纵横，地形复杂多样，有山地、丘陵、台地、平原、山多川少，以山地、丘陵为主，占全省土地面积的80.1%，平川、河谷面积占全省土地面积的19.9%。全省大部分地区海拔在1 500米以上，最高点为五台山主峰叶斗峰，海拔3 061.1米，是华北地区的最高峰，素有"华北屋脊"之称，最低处为南部边缘运城垣曲县西阳河的人黄河处，海拔仅180米。

山西气候属温带大陆性季风气候。按干湿程度分类，大部分地区为半干旱气候，仅亚高山区及晋东南地区为半湿润气候。全省气候的基本特点：冬季较长，寒冷干燥；夏季炎热，雨水集中；春季气候多变，风沙较多；秋季短暂，温差较大。各地温差悬殊，地面风向紊乱，风速偏小，年降水量由东南向西北递减，山地多于盆地，雨量少，日照充足，光热资源比较丰富，大部分地区水资源不足，灾害性天气较多。

全省气温稳定在0℃以上的总积温为2 500～5 100℃，≥10℃的积温为2 000～4 600℃，无霜期一般为80～205天。积温与无霜期，由南向北、由平川到高山逐渐递减。各地的无霜期：晋南在200天以上，晋中为160～175天，忻定盆地、晋东南大部分地区及西部沿岸为140～150天，晋西北一带为100～120天，北中部山区一般在100天以下。

山西省大部分地区年降水量为400～650毫米，平均年降水量为534毫米，比全国多年平均降水量628毫米少15.0%，比华北地区多年平均降水量547毫米少2.4%。全省降水分布不均，总趋势是由东南向西北递减，由盆地向高山递增，晋南为500～550毫米，晋中为450～500毫米，晋北为400毫米左右，晋东山区、吕梁山为600～700毫米。

山西省水资源的主要补给是自然降水，流经省境的黄河也是主要水源，所以说山西农业是"靠天吃饭"，是雨养农业。山西省是全国严重缺水省份之一，有"十年九旱"之称。山西省人均水资源占有量相当于全国人均水资源占有量的20%，为全世界人均水资源占有量的3.8%。

小杂粮具有生育周期短、种植范围广、耐干旱和贫瘠、可以与大宗粮食套种的特点，决定了小杂粮适合在山西省大规模种植，也决定了小杂粮可以作为山西省的主要农作物，奠定了其在山西省农产品中的主体地位。

（二）种类优势

山西种植业历史悠久。目前广为种植的杂粮主要有谷子、莜麦、荞麦、大麦、糜黍、马铃薯、甘薯、高粱、绿豆、豌豆、小豆、黑豆、芸豆、蚕豆、豇豆、扁豆 16 个品种，涌现了一大批具有代表性的杂粮品种，其中"三分三"莜麦、"蜜蜂头"苦荞、"盆儿洼"甜荞、"爬坡糙"谷子（碾米即为沁州黄）、"三尺三"高粱、"串地龙"绿豆和"大同小明绿豆"，以及"黑滚圆"黑豆和"双青豆"等品种被公认为世界良种，已经被多个国家引用和栽种（苏旺，2010）。

（三）品质优势

山西杂粮多种植在无污染源、工业极不发达的地区，由于生产过程中不施农药、化肥，其产品是颇受人们青睐的天然、绿色食品。山西当地的地理气候条件的特殊性，造就了山西小杂粮品质上乘、口感独特的优势。山西杂粮蛋白质含量高，且富含维生素、矿物质和脂肪，在食品工业中被广泛用作奶类代用品和添加剂。绿豆是粮、菜、饲兼用作物，被誉为粮食中的"绿色珍珠"；荞麦富含生物类黄酮、酚类及钙、镁、铅、铁、锌、硒和维生素等特殊营养成分，具有降血脂、降血糖、软化血管和防病治病等功效，是可美容、健身、防病的保健食品；燕麦以其独特的食疗效果给高血压、糖尿病患者带来了福音。

二、山西小杂粮的产业现状

山西积极发展杂粮生产，大力推进东西两山小杂粮产区建设，在推进区域布局、提高品质单产、开发产品、树立品牌方面取得较好的效果，杂粮生产在全国占有比较重要的位置。

（一）山西小杂粮产业种植情况

1. 山西小杂粮的发展

山西省地处黄土高原，土壤、水文、气候条件非常适宜种植小杂粮。长期以来，山西作为北方小杂粮的主产区，农耕文化源远流长，小杂粮的种植历史悠久，种类繁多，品种优良，质量上乘，深受市场的欢迎。

20 世纪以前，我国的粮食一直供不应求，人们对粮食的要求较低，直至 20 世纪 90 年代中叶开始，这种局面才得以转变，农业的发展也呈现量的变化和质的飞跃。与此同时，人们的健康观念与饮食观念不断发展，不再追求单一的粮食作物，而是开始追求小杂粮的养生功能。

虽然山西省小杂粮的种植历史可追溯至远古时期，但在 20 世纪末，山西省的小杂粮产业才正式迈上发展的轨道。1998 年，山西省委、省政府正式将发展小杂粮产业列为工作重点。1999 年，山西省农业厅出台政策，扶持小杂粮产业的发展。至此，山西省逐步扭转小杂粮产业的发展局面，小杂粮产业的发展被提到战略产业的地位，区域的资源优势得以发挥，发展小杂粮产业的农业结构初步形成。

进入 21 世纪后，养生的观念深入人心，市场需求不断扩大，特别是在省委、省政府的大力支持下，山西省小杂粮产业空前发展。在中央 1 号文件和山西省委、省政府"一县一品"相关政策的激励下，许多地区的小杂粮产业逐步发展为支柱产业。2010 年，山西省的糜黍、高粱种植面积位列全国第一，燕麦种植面积位列全国第二，绿豆、小豆、豇豆、小扁豆种植面积位列全国第三，荞麦种植面积位列全国第五。

2015 年，国家提出供给侧改革。2016 年，中央 1 号文件明确提出要大力发展优质特色杂粮。小杂粮产业的发展形势一片大好。经过长期的发展，2017 年，山西省的小杂粮已有茎类、谷类、豆类、薯类、麦类、糜类和黍类七大类，种植面积达到 1 900 万亩左右，约占全国小杂粮种植面积的 20%，约占全省传统粮食作物种植面积的 45%。

2. 山西小杂粮的种植

世界杂粮看中国，中国杂粮看山西。这反映了山西省小杂粮产业在中国乃至世界的地位。山西地形地貌特殊，气候条件适宜，农耕文化深厚，种植历史悠久，是名副其实的"小杂粮王国"。这主要表现在 3 个方面。

（1）种植面积广

山西省全省范围内都种植小杂粮，晋北地区、晋西北地区、晋东南地区是小杂粮的主产区，其中山区、丘陵地区和贫困地区是小杂粮的主产地。全省各地级市均有种植（表 1-1）。

表 1-1　山西省各地级市小杂粮种植面积统计表

单位：万亩

地区	2015 年	2016 年	2017 年
全省	1 809.59	2 006.88	1 954.88
太原	91.36	92.17	80.95
大同	235.89	259.14	248.86
吕梁	302.01	356.12	323.78
朔州	176.58	215.21	209.87
忻州	315.25	311.18	326.78
阳泉	59.36	70.24	64.21
长治	135.21	135.98	142.19

（续）

地区	2015 年	2016 年	2017 年
晋城	125.32	144.11	138.23
晋中	101.51	121.05	135.21
运城	91.74	131.14	142.15
临汾	175.36	170.54	142.65

资料来源：《山西统计年鉴》（2015 年、2016 年、2017 年）。

从表中数据可以看出，山西省的小杂粮种植主要集中在晋北地区、晋西北地区、晋东南地区。

（2）产量大

山西省的小杂粮自从 20 世纪末发展起来之后，年产量一直稳定在 25 万千克左右。特别是近年来，在政府部门的扶持下，在涉农龙头企业的示范带领下，年产量一直居于全国前列，市场占有率逐年提高。2016 年，山西省小杂粮的总产量达到 28.65 万千克（表 1-2，表 1-3）。

表 1-2　山西省各地级市小杂粮总产量统计表

单位：万公斤

地区	2015 年	2016 年	2017 年
全省	251 021.25	286 479.34	262 790.41
太原	8 784.24	8 681.25	11 245.81
大同	28 898.52	35 521.48	2 986.88
吕梁	38 652.41	42 012.56	39 524.43
朔州	31 217.15	26 912.65	26 986.87
忻州	29 198.62	36 251.85	39 096.52
阳泉	4 918.25	6 235.48	7 549.11
长治	29 125.02	32 014.32	31 642.15
晋城	16 374.21	20 542.13	20 897.43
晋中	28 985.17	32 985.15	30 897.64
运城	13 189.24	20 741.32	21 842.32
临汾	21 678.45	24 581.152	30 121.25

资料来源：《山西统计年鉴》（2015 年、2016 年、2017 年）。

表 1 - 3　山西省各地级市小杂粮种植面积、总产量统计表

种类	2015 年		2016 年		2017 年	
	种植面积/万亩	总产量/万千克	种植面积/万亩	总产量/万千克	种植面积/万亩	总产量/万千克
谷子	75	11 000	80	13 000	92	15 420
黍子	139	13 254	152.36	15 094.16	162.3	18 001
莜麦	31	3 281	40	4 000	52	4 201
荞麦	6	800	5	500	9	892
马铃薯	100	13 241	90	10 000	102.3	12 571
大豆	35	4 825	35	5 000	42	6 012
绿豆	4	650	5	700	8	924
豌豆	11	2 104	12	2 000	15.1	3 102
红芸豆	20	2 651	23	2 700	23.2	2 801

资料来源:《山西统计年鉴》(2015 年、2016 年、2017 年)。

从表 1 - 2 中可以看出,山西省的小杂粮产量较大的地级市是吕梁、大同、忻州、临汾、晋中等,这与城市所处的地理位置、种植面积相关。

《中国统计年鉴 2017》显示,2016 年,山西省的谷子种植面积达到 80 万亩,位列全国第一,产量达到 13 000 万千克,位列全国第二;莜麦种植面积 40 万亩,位列全国第一,产量达到 4 000 万千克,位列全国第二。

(3)品种多

山西省的小杂粮优势不仅在种植面积和总产量上,还表现在品种上。从山西省小杂粮的种植种类看,主要有高粱、苦荞、甜荞、谷子、燕麦、莜麦、薏仁、大麦、黍子、籽粒苋、芸豆、绿豆、红小豆、蚕豆、豌豆、豇豆、小扁豆、黑豆等,品种较为齐全,"东方亮""沁州黄""汾州香"等多个小杂粮品种在全国赫赫有名。

(二)山西省小杂粮产业发展经历

1. 小杂粮生产由适应性向战略性转变

20 世纪末,山西省的小杂粮产业一直处于适应性的发展态势,主要是适应种植地区的土壤、气候、水文等自然条件和人文、习惯、消费等社会条件,所以发展形势一直不理想。21 世纪以来,随着经济的发展、人们生活水平的提高,养生、疗养观念以及健康饮食热的兴起,小杂粮产业迎来了春天。小杂粮产业由适应性向战略性转变,小杂粮也由单一的农作物变成可以加工出售、健康养生的保健食品,其多重价值得以充分发挥,由只能满足人们温饱需求的

单一功能转变为满足人们温饱、食疗、保健等需求的多重功能，促进了小杂粮产业的"对象延伸"和"质量提升"，涌现出为数不少的优质小杂粮品种，使小杂粮产业发展更具产业化的基础，所带来的经济效益和社会效益都不可小觑。山西省统计局的调查资料显示，2000—2017 年，山西省优质小杂粮年均外销量达到 3.8 亿千克，占到总产量的 20% 左右，其中有一些小杂粮还出口远销到日本、荷兰、德国、英国、法国等国家和地区。

2. 小杂粮的管理由粗放式向精细化转变

山西省作为"小杂粮王国"，拥有许多特色品牌及小杂粮生产基地，种植历史悠久，品质优良。在一定时期内，山西省的小杂粮从种植到销售的管理，一直依赖于农民丰富的历史经验，生产水平较低，科学技术含量较低，种植多为粗放式和分散式，一直没有形成产业化、规模化、集约化的现代农业管理体系。进入 21 世纪以来，山西省委、省政府高度重视，地方政府给予大力支持，小杂粮产业逐步向标准化、产业化、规模化、集约化、现代化方向转变，促进小杂粮的管理由粗放式向精细化转变。

3. 小杂粮的品牌度从无到有且向著名品牌转变

小杂粮管理方式由粗放式向精细化的转变，使小杂粮产业更具活力，小杂粮的经济效益也显著提高。山西省的小杂粮产业由原来的靠天吃饭转为顺应市场供给需求变化的生产方式，于是出现了许多生产基地。如大同市广灵县的"东方亮"小米生产基地、长治市沁县的"沁州黄"小米生产基地、吕梁市汾阳的"汾州香"小米生产基地、雁北地区的"雁门清高"苦荞生产基地、忻州市五台县的马铃薯生产基地等。随着这些生产基地的建设加强，再加上小杂粮健康、养生的文化理念推动，涌现出了著名商标，享誉省内外，给小杂粮产业带来不少经济效益。

三、山西小杂粮产业发展中亟待解决的问题

当前，山西小杂粮产业发展主要存在两大类问题：一类是规律性（趋势性）问题，主要表现在小杂粮种植呈现小、散、弱的格局，机械化程度低，粗放耕作特征明显；另一类是结构性问题，主要表现在产品结构不合理，无法满足市场、主力消费者的多元化、个性化需求。结果导致一边是消费者"想买安全、营养、保健的产品但买不到"，另一边是农民"想卖优质、生态、绿色的土货但卖不掉"。具体来说，山西小杂粮产业发展中主要存在 4 个方面的问题。

（一）种植技术落后

总体表现为栽培技术落后，良种推广力度较小，资源优势没有充分转化为

经济优势。

山西粮食生产受"重大轻小"思想影响，小杂粮良种资源推广较少，许多地方仍然使用农家品种、老品种，难以形成多生态基因组合优势。由于良种繁育体系不健全、栽培技术落后、农户选育优种意识差，许多小杂粮品种混杂、退化严重，产品优质率呈下降趋势。同时，山西小杂粮产区主要集中在干旱半干旱地区，种植地块小，生产投入不足，栽培技术落后，田间管理粗放，机械化程度低。

（二）规模化程度低

山西小杂粮种植规模化程度低，产品盈利能力较弱，资源优势没有充分转化为产业优势。

当前山西小杂粮特色农业突出，特色明显但规模不大，产业在规模化、产业化方面欠账明显，产品加工产业规模不大，加工企业以中、小企业为主，加工方式以粗加工为主。目前除了少数有一定影响力的企业，大部分企业仍处于原粮出售或初加工阶段，产品附加值小，缺乏市场竞争力和龙头带动效应。有的厂家虽设备先进，但生产规模较小，缺乏系统化的生产组织和管理措施。大多数加工企业投入了一定的设备和技术，但缺乏标准化、卫生性、安全性、营养性等现代食品加工业的必备元素，导致产品附加值低，综合利用效益差。

（三）科技含量较低

研发力量薄弱，科技含量较低，资源优势没有充分转化为技术优势。

从山西小杂粮产业的整个链条来看，科技的引领作用发挥较弱、贡献率较低，许多领域的研发滞后。山西区域农业特色项目在申请国家科技项目时相对处于弱势，获得的有针对性的科技专项扶持力度远远不够。对食品生物技术、食品分离技术和分析技术等现代前沿食品科学技术的研究不足。杂粮品种不适应机械化种植栽培，品种选育赶不上生产和市场需求，品质特性不适应企业加工和市场消费需求，综合增产技术在优势区域推广应用率低。品种的繁育体系不够健全，对小杂粮培育、加工技术等前期科研开发的重视程度还不够高、投入不足，整体研发力量较薄弱，杂粮产业竞争力较弱，导致资源优势没有通过借助科技力量得到充分发挥。

（四）商品转化率低

商品转化率低，流通渠道不畅，资源优势没有充分转化为市场优势。

山西大多小杂粮产区农民信息闭塞、商品意识不弱，长期以来满足于自给自足、自产自"消"，导致小杂粮商品转化率低。由于流通渠道不畅，小杂粮生产加工体系各环节各自为战，市场供求信息不能及时传递到农民手中，生产、加工、销售之间缺乏信息的交流与沟通，使农户无所适从，在种植品种选择和面积规划上存在盲目性。由于销售缺乏管理和协调，农户往往根据当年收成情况和采购商的需求确定种植品种、产品销量及出货时间，经常出现丰年价跌、歉年价低的局面，容易挫伤农户种植小杂粮的积极性。

四、做好山西小杂粮的优势路径

当前，山西小杂粮产业应以增加农民收入为目标，以科技创新为驱动，以功能性研究为引领和主攻方向，以打造"绿色、优质、安全"的小杂粮产品为核心，以转变政府支持方式为保障，积极推进生产现代化、规模化、标准化和产品品牌化，大力完善和推广有机旱作农业，突出电商作用，加快物流服务体系建设，整体提升产业链各环节效益，争取实现山西小杂粮产业在全国产业格局中从做大到做强、做优的转变。

（一）做到科学规划

科学规划布局，调整种植结构和耕作方式，实现良种生产的区域化和规模化，努力打造小杂粮产业发展的经济优势。

1. 发展旱作农业

大力完善和推广有机旱作农业，将有机旱作农业打造成山西小杂粮产业的重要品牌。根据山西小杂粮产区气候、土壤和水资源现状，应因地制宜建立用地养地相结合的耕作制度，大力实施"藏粮于地、藏粮于技"。按照"绿色、优质、安全"的目标，提倡在保持水土、发展绿肥的基础上，大量增施有机肥料，配合一系列抗旱耕作措施，不断提高土壤肥力，推进旱地绿色种植及增产技术的改进。要通过合理引导，改变以往片面强调重视耕地的观点，重视草地、森林和农田合理布局，根据土壤水分特征来选择作物的物种、品种和种植方式，通过推广间混套种、调节播期、覆盖农作、抗旱保墒等方式，努力做到地尽其用。引导杂粮加工企业通过自主创新、品牌经营、商标注册等手段，培育一批拥有自主知识产权和较强市场竞争力的区域杂粮知名品牌，以品牌效应推动小杂粮产业的发展，打造符合山西实际的有机旱作小杂粮产业发展品牌。

2. 调整种植结构

调整农作物种植结构，在保证粮食安全的基础上，进一步扩大小杂粮种植面积。当前山西省农作物种植呈现玉米"一米独大"的局面，对其他作物的推广和发展的挤出效应明显，一定程度上影响了小杂粮产业的发展。2015年，农业部公布《关于"镰刀弯"地区玉米结构调整的指导意见》（简称《意见》），提出 5 年内要减少"镰刀弯"地区 5 000 万亩以上玉米种植，这个"镰刀弯"地区就包括山西太行山沿线区。山西省委提出调减籽粒玉米的目标，各地应根据《意见》和省委的相关要求，积极发挥宏观调控作用和地域优势，扩大小杂粮作物种植以填补玉米退出的产能面积，按照功能区规划积极推动小杂粮作物扩大种植，进而推进杂粮规模化经营、标准化生产和全产业链开发，努力通过扩大种植面积，变资源优势为经济优势。

3. 农业标准化战略

实施农业标准化战略，推进"三品一标"认证，建设一批小杂粮标准化生产示范区，发挥示范引领作用。应加速优势小杂粮的种植和开发，推行良种标准化生产技术，尽快完成标准化生产、规模化扩展，推广小杂粮标准化生产示范区建设，提高小杂粮标准化生产水平。通过建设示范区，组织种植户统一按照有关标准化生产技术操作运行，实行农药统一管理、统一配送，推广秸秆还田、种植绿肥、增施有机肥等绿色生产方式，鼓励引导农民和新型经营主体推行杂粮标准化生产，发挥对山西省小杂粮生产的示范引领作用。

4. 杂粮示范基地

大力培育与支持小杂粮专业合作社，创建一批全国性优质杂粮示范基地，加快小杂粮生产优势区域建设。应通过大力培育与支持小杂粮专业合作社，支持有条件的种子生产企业、农民专业合作社和种粮大户建立起一批相对集中、稳定的良种生产基地，力争建成几个全国性的优质杂粮示范基地。通过完善基础设施建设、创新良种基地建设运行模式、强化良种基地管理、规范种子营销秩序、发展订单生产等手段，实现生产基地的规模化种植和现代化作业，不断提高小杂粮良种生产能力。

5. 完善保障体系

完善保障体系，提升农户种植小杂粮的信心和积极性。小杂粮本身存在产量低、管理烦琐、投入劳动力多等缺陷，再加上销售难和价格不稳定等因素，导致很多农户不愿多种小杂粮。相比较而言，种植玉米劳动力投入少、管理简单、收益稳定、市场成熟，受到农户青睐。鉴于此，在小杂粮产业起步和爬坡阶段，应坚持以政府为主导、农户和企业为主体，运用多种手段提高小杂粮单产水平，降低管理难度和人工投入，建立起一套完善的收购、价格指导、统收包销体系，充分调动农户种植小杂粮的积极性，切实解决农户"不愿种"的问题，确保小杂粮种植稳步发展。

（二）打造产业优势

以发展功能农业为主线，以提高附加值为目标，进一步延伸产业链，推动小杂粮精加工、深加工，努力打造小杂粮产业发展的产业优势。

1. 产品功能化发展

在发展功能农业、开发功能食品上持续发力，促进山西小杂粮产品功能化发展。应按照小杂粮产业"不在大而在特、不在规模而在功能"的发展思路，积极鼓励企业和科研机构通过共建实验室等形式，研发食疗同源和具有保健功能的产品，引领功能食品的深度开发，形成山西独特的功能性小杂粮研发生产体系，走出一条具有地方特色的小杂粮功能化之路。

2. 延伸加工产业链

进一步延伸产业链，推动小杂粮精加工、深加工，大力提升产品附加值。针对当前山西小杂粮产业链条短、产品盈利能力弱的问题，应进一步加大小杂粮生产加工过程中新兴技术和手段的应用，大力提升产品附加值和综合效益。以加拿大燕麦加工为例，1 吨初级原麦价格在 400～4 000 美元不等，通过对初级产品进行改良，运用新技术提取葡聚糖、蛋白质、淀粉以及能应用于医学的化合物，使综合收益达到 50 000 美元以上，产品溢值 10 倍以上。山西小杂粮加工也要在精深加工上下功夫，一方面与传统的酒、醋、饮品等产品结合，另一方面瞄准高附加值产品，发展特色杂粮的衍生品，不断提高产品附加值。

3. 大型深加工企业

支持和鼓励国企、国资投资小杂粮产业，建成一批大型小杂粮深加工企业，突出龙头带动作用。应创新土地供给模式，加大财政金融支持，大力招商引资，培育和壮大产业化龙头企业以及农民专业经济组织，通过土地流转，将一家一户分散经营的农户组织起来，根据市场需求和农民意愿进行标准化生产，将小杂粮规模做大、质量做优、品牌做精，实现产、供、销一体化推进。

这种"大企业＋小杂粮"龙头企业带动模式，可以有效解决农户生产与市场脱节、对外贸易的技术壁垒问题，既推进了国资、国企多元化转型，又促进了小杂粮产业发展，同时提高了当地财政收入和农民收入，降低了市场风险，值得在全省推广。

（三）打造技术优势

转变农业科技支撑方式，大力加强研发投入和技术推广，促进产业技术转型升级，努力打造小杂粮产业发展的技术优势。

1. 培育种质资源

依托山西省内科研院所，积极开展特色小杂粮种质资源的搜集、选育和推广工作。在小杂粮种植品种上，应着力解决以自家品种为主栽品种的问题，淘汰单产低、适应性差的品种；搜集整理小杂粮良种资源，选育适宜的新品种，引进耐旱耐瘠的新品种，改良与创制育种材料，突破一批核心关键技术，培育一批具有重大突破性的优良小杂粮新品种。同时，选育一批可在山西不同类型生态区域种植、具有自主知识产权的优质小杂粮新品种，引进具有重大应用前景的小杂粮新品种，在全省适宜种植区域加大推广力度，为山西省小杂粮产业发展提供品种支撑。

2. 杂粮品质改良

针对大多数小杂粮口感较差的问题，注重现有小杂粮品质的改良研究。应重视对小杂粮加工或深加工后营养功能和风味口感的测定，加强对食品营养、品质的技术研究，以生产出更多口感好、市场前景佳的特色小杂粮食品。积极推进农产品质量安全追溯体系建设，实现特色小杂粮产品生产过程可控、质量可追溯的目标，确保特色小杂粮产品质量安全。

3. 创新科技驱动

创新农业科技驱动形式，加大农民科学普及，加快小杂粮科学研究及应用创新。通过建立省级农业科技创新联盟、完善农业科技成果和收益挂钩机制、创新公益性农技推广服务方式、由政府提供购买农技服务、提高农民农技培训的精准度和实效性等途径，不断缩短小杂粮由科研到应用的周期，有效提升小杂粮产业各环节的科技水平。

（四）打造市场优势

加大小杂粮产品的宣传和营销力度，大力实施名牌战略，提升小杂粮出口创汇能力，努力打造小杂粮产业发展的市场优势。

1. 杂粮品牌规划

编制商标品牌发展规划，创新品牌模式，打造山西特色小杂粮品牌。

（1）做好顶层设计

制定出台山西小杂粮产品商标梯级发展路线图，编制商标品牌发展规划，将商标发展纳入农业、商务部门的重点工作加以推动。

（2）创新品牌培育模式

发挥地理区域优势，推广"地标＋企业＋农户"经营模式。通过打造"沁州黄""汾阳核桃""清徐葡萄""太谷饼"等地理标志，带动农民增收。积极推动杂粮初级产品进入市场前的包装化，力争杂粮产品不再以散装形式投入市场。通过将财政支持和市场运营手段相结合，创新管理和监督体制，以制作印有"地标＋产品"标志的编织袋等形式，全力提升杂粮产品的影响力和附加值。支持和鼓励企业积极参与"山西品牌中华行""山西品牌丝路行""山西品牌网上行"等系列活动。

（3）扶植培育龙头企业品牌

各地倾力打造或整合 3～5 个龙头企业品牌，充分发挥品牌带动效应，带动配套企业同步发展，降低企业制造成本，扩大企业市场竞争力。

2. 抓好市场

抓好国内外两个市场，尤其是国际市场。推出一批出口创汇的优质小杂粮品种，提升小杂粮出口创汇能力。有关统计数据显示，我国小杂粮每年出口至日本和欧美国家的总量以 10%～15% 的速度递增，为山西小杂粮产业发展带来很大的商机。

山西天镇县通航粮贸有限公司是一家农产品出口企业，以"公司＋农户"的模式收购当地农民种植的小杂粮并加工出口，出口创汇总额达 177 万美元，在推动小杂粮出口创汇方面走出一条路子。目前山西的红芸豆、红小豆等品种出口创汇潜力巨大，临县白豆、"汾州香"小米、"沁州黄"小米、黑小米等传统小杂粮品种多次参加国际博览会，获得较高的赞誉。应通过打通贸易渠道、培养标准意识、强化标准要求，引导优质小杂粮产区农户"种好粮、赚外汇"，鼓励农产品加工企业"做精小杂粮、出口创外汇"。

3. 发展电商销售

发展农村电商、县域电商，启动一批小杂粮电商项目，充分发挥电商在小杂粮产品推广和销售中的作用。应抓住农村电商、县域电商发展的契机，引导农户接触电商，支持各县（市、区）大力发展电商。建起电子商务销售平台，完善全省小杂粮物流体系，通过培育"线上＋线下"新业态，大力推行"互联网＋农业"经营模式，应用信息化手段拓宽杂粮销售渠道。在积极对接淘宝、京东、苏宁等龙头电商的同时，应全力支持贡天下、乐村淘、农芯乐等本土电商成长，依托杂粮加工企业建立现代市场营销网络和标准化物流中心，引导电商投入小杂粮产业，以营销创品牌，以品牌促营销，激发产业活力。借助"互联网＋"，把更多的优质要素如设计、包装、创意、技术等聚拢到产业中，推动山西小杂粮电子商务发展，积极培育网营旗舰店，依托发达的现代物流市场体系，确保小杂粮产得出、卖得出、卖得好。

（五）产业综合优势

通过发展和规划相结合、资金补贴和科技支持相结合、支持企业和引导农户相结合、监督指导和产品质量相结合，严把产品质量关，努力打造小杂粮产业发展的综合优势。

1. 发展和规划相结合

小杂粮非传统主食，市场的开拓和扩张是一个循序渐进的过程，要结合各地区实际情况，合理、科学地制定发展规划，避免生产的盲目性。结合小杂粮生产的特殊性，应按照适当集中、规模发展的原则，实行集中连片种植，实现基地建设的规模化、标准化，确保基地建设高起点、高标准、高效益，基地小杂粮产品生产要积极对标国际市场要求，规范标准，加强质量检测，通过基地的示范、辐射效应，促进小杂粮生产的全面发展。

2. 资金补贴和科技支持相结合

尽快建立以各种合作组织为主的社会化服务体系，加大技术、资金扶持力度。把科技服务放在首位，加强农业适用科技推广体系建设，建立农、科、教和产、学、研相结合的机制。出台政策，支持和鼓励科技人员为生产基地和龙头企业提供技术指导服务，对接前沿科研成果和技术推广，提高优良品种选育、栽培和生产、加工的技术档次。重视农业信息网络与全国联网信息系统建设，利用大数据做好科技信息和市场信息的研判预测、收集分析和发布工作，引导小杂粮产业化的正确走向。

3. 支持企业和引导农户相结合

做好企业和农户的牵线人，在引导农户种植的同时，积极鼓励和引入企业参与合作，采用"企业＋农户"的发展模式，集零为整地把种植相对分散的农户集中在一起，通过土地托管、代种等方式发展订单农业，助力新型经营主体发展，使一体化管理涵盖培训、选育优良种子、科学施用有机肥、统一订单收购及加工等全过程，为农户提供全方位、立体式技术跟踪服务，围绕小杂粮品质提升市场核心竞争力，对产品进行深加工、精宣传，不断拓宽产品销路。

4. 监督指导和产品质量相结合

做好对企业、合作社、农户的督促指导工作，从源头严把产品质量关。坚持把杂粮质量安全作为整个产业发展的生命工程来抓，通过宣传、监管等手段，使"打造绿色、优质、安全的小杂粮产品"成为小杂粮生产供给侧各方的共同价值观，耕、种、收、储、加等各个生产环节均严格落实国家有机农业标准，实行统测、统配、统供、统施，推进小杂粮质量安全可追溯监管体系建设，实现企业、合作社、农户等多方的合作共赢，共同开拓市场，做强、做优山西小杂粮产业的良好局面。

第三节　杂粮的营养价值

粮食籽粒是生命有机体，由许多复杂的有机物质和无机物质构成，含有多种营养成分；有的籽粒虽不能食用，但可作为其他工业原料或饲料等。粮食加工的任务就是尽可能地保留可食用的营养物质，除掉对人体有害的物质，并将这些不利于人体的物质收集在一起，以便用于其他用途。因此，了解粮食籽粒各组成部分的化学成分及其特性，对于提高产品质量、进行合理加工、充分利用原粮以及加工的副产品都具有一定的意义。

粮食籽粒中的主要化学成分有水分、蛋白质、脂肪、碳水化合物（包括淀粉、纤维素和半纤维素等）、矿物质及维生素等。这些化学成分的含量及分布，在不同种类的粮食之间具有很大的差异，即使是同一种类的粮食，因品种、土壤、气候、栽培及成熟条件等的不同，也会存在一定的差异（表1-4）。另外，由于粮食籽粒各组成部分的生理功能不同，所含化学成分也不相同，这些不同之处共同决定了粮食籽粒各部分的营养价值和利用途径。

表1-4　一些杂粮营养成分含量

单位：克/100 克

种类	淀粉	蛋白质	脂肪	水分	膳食纤维	灰分
玉米	71.6	9.6	4.6	15.0	5.5	1.4
大麦	73.3	10.2	1.4	13.1	9.9	2.0
燕麦	66.9	15.0	6.7	9.2	5.3	2.2
荞麦	73.0	9.3	2.3	13.0	6.5	2.4
高粱	74.7	10.4	3.1	10.3	4.3	1.5
粟	75.1	9.0	3.1	11.6	1.6	1.2

一、杂粮中的碳水化合物

碳水化合物是自然界中分布最广的一类有机化合物，几乎所有的生物体中都或多或少地含有碳水化合物，其中以植物体的含量为最多。粮食籽粒化学成分中的纤维素和可溶性无氮物都属于碳水化合物，这是禾谷类粮食籽粒中含量最多的成分，约占籽粒干重的80%以上。而在碳水化合物中，淀粉占了绝大部分，约为碳水化合物总量的90%。

粮食籽粒中的淀粉主要集中在胚乳的淀粉细胞内，糊粉层细胞的尖端也含有极少量粒度很细的淀粉，其他部分一般不含淀粉，但玉米胚芽中含有一定量的淀粉。

淀粉由一种枝状组分支链淀粉和一种线性组分直链淀粉组成。直链淀粉遇碘呈蓝色，能溶于热水，可形成黏度较小的溶液；支链淀粉遇碘呈紫红色，在加热加压的条件下才可溶于热水，形成黏度较大的溶液。因此，直链淀粉黏度小，支链淀粉黏度大。糯性谷物籽粒中的淀粉几乎都是支链淀粉。

粮食籽粒中的营养性糖类除淀粉外，主要是葡萄糖、果糖、蔗糖、麦芽糖以及少量棉子糖等。这些糖在粮食籽粒各部分的分布是很不均匀的，胚中含糖分最高，其次是糊粉层，胚乳内部含量最低。粮食籽粒中纤维素的含量为2%～10%，带壳粮中纤维素含量比较高，其次是糊粉层，胚和胚乳中几乎不含纤维素。纤维素虽不能被人体消化吸收，但能增加肠道内容物的体积，摄入量适当时能促进胃肠对其他营养素的消化吸收。此外，纤维素是胆汁盐、胆固醇等的螯合剂，有助于降低血液中胆固醇的含量，从而防止高血压。

玉米中淀粉含量在64%～78%，平均为71.3%。玉米籽粒中总纤维含量在8.3%～11.9%，平均为9.5%。玉米籽粒中可溶性糖总含量在1.0%～3.0%，平均为2.6%，主要是蔗糖、棉子糖、葡萄糖、果糖。玉米皮的主要成分是玉米膳食纤维，是玉米加工的主要副产物之一，如能提高其副产物的利用率，增加其附加值，则可大幅度提升玉米深加工企业的经济效益。

大麦中所含的碳水化合物约占大麦籽粒的80%，大麦中还含有少量的游离蔗糖、麦芽糖以及棉子糖等。普通大麦的淀粉主要为支链淀粉（74%～78%），其余为直链淀粉。大麦中的结构性多糖类主要由纤维素、葡聚糖以及阿拉伯木聚糖组成，葡聚糖和阿拉伯木聚糖主要集中在糊粉层和胚乳细胞壁中，可通过分离碾磨或气流分级过程来获得其浓缩成分。大麦中的可溶性膳食纤维是大麦粉水悬浮液黏度以及食用时肠溶物黏度的决定因素。可溶性膳食纤维的低胆固醇效应被认为部分取决于大麦粉水悬浮液黏度，有利于抑制膳食中的胆表固醇和脂肪酸及其他营养物的吸收，同时对心血管疾病和糖尿病等有预防作用。

荞麦中淀粉含量在70%左右，不同地区和品种的荞麦，其淀粉含量有差异，如四川的甜荞和苦荞的淀粉含量均在60%以下；陕西的甜荞的淀粉含量在67.9%～73.5%，苦荞的淀粉含量在63.6%～72.5%。荞麦淀粉与大米淀粉相似，但颗粒较大，与一般谷类淀粉相比，荞麦淀粉食用后易被人体吸收。荞麦的膳食纤维含量在3.4%～5.2%，其中20%～30%是可溶性膳食纤维。

燕麦淀粉呈小而不规则的颗粒状，大小与大米淀粉相仿，溶于水后能形成稳定的凝胶，燕麦淀粉中含有1%～3%的脂质，脂质与淀粉以复合物的形式存在。燕麦淀粉的溶解度显著高于玉米淀粉和豌豆淀粉；燕麦淀粉的透明度低于马铃薯淀粉；另外，燕麦淀粉糊不耐冻融，因此燕麦淀粉不宜用于制作冷冻食品。燕麦的膳食纤维主要来自燕麦麸皮，包括可溶性膳食纤维和不溶性膳食纤维。燕麦总纤维含量在17%～21%，其中的可溶性膳食纤维主要以葡聚糖的形式存在，约占总膳食纤维的1/3。β-葡聚糖是一种水溶性非淀粉多糖，是禾草与禾谷类作物籽粒中特有的一种多糖。β-葡聚糖主要分布在燕麦籽粒的糊粉层和亚糊粉层中，占细胞壁总多糖的85%。麸皮中β-葡聚糖的干基含量一般在2.1%～2.9%。β-葡聚糖是由β-（1→3)-糖苷键

和 β-（1→4）-糖苷键连接的 β-D-葡聚糖苷单元组成的无分支多糖，存在于多种主要谷物中。β-葡聚糖相对分子质量比较大，溶于水后能形成高黏度的溶液。β-葡聚糖能够降低血糖和胆固醇、预防便秘、降低直肠癌的发病率，发酵产生的短链脂肪酸能促进肠道有益细菌的繁殖，并具有预防心血管疾病、糖尿病等生理功能，可显著降低血浆中总胆固醇和低密度脂蛋白的含量。

高粱籽粒的淀粉含量在 32%～79%，平均为 67%。但高粱淀粉颗粒受蛋白质覆盖的程度高，故淀粉的消化率低，有效能值相当于玉米的90%～95%。高粱淀粉在食品工业中多作为胶黏剂、伸展剂、填充剂和吸收剂等。现阶段我国推广的高粱杂交品种，淀粉含量一般高于 70%。由于生产酒精的原料含淀粉越多越好，因此高粱作为可再生能源作物，是良好的生产酒精的原料，也可以用来制醋和制糖。

小米中的淀粉含量在 60%～70%，小米淀粉中直链淀粉含量约为 27.2%，故小米淀粉的凝胶稳定性好、持水力强、膨胀力高、糊化温度高、热焓变化大，但透明度低，冻融稳定性和热稳定性差。

二、杂粮中的蛋白质

蛋白质是一种天然的高分子含氮化合物，存在于一切动、植物细胞中，是构成动、植物细胞原生质的主要成分。蛋白质是构成生物体的重要成分，一切生命现象和生理活动都离不开蛋白质。粮食及其加工产品和副产品之所以能够作为人类的食粮和家畜的饲料，原因之一就是它们能够为人和家畜提供可食用蛋白质。因此，在粮食的营养性和食用性的评价中，蛋白质的质和量占有很重要的地位（表1-5）。

表1-5　杂粮中的氨基酸含量

单位：毫克/100 克

氨基酸种类	玉米	大麦	燕麦	荞麦	高粱	粟
异亮氨酸	210	278	562	321	459	392
亮氨酸	1 080	549	1 071	638	1 506	1 166
赖氨酸	310	239	523	568	231	176
含硫氨基酸	420	347	650	548	496	512
蛋氨酸	190	181	295	155	251	291
胱氨酸	230	166	355	393	245	221
苯丙氨酸	440	357	772	596	655	494

（续）

氨基酸种类	玉米	大麦	燕麦	荞麦	高粱	粟
酪氨酸	290	307	496	385	335	259
苏氨酸	320	241	482	299	334	327
色氨酸	230	128	253	182	0	178
缬氨酸	320	394	707	427	562	483
精氨酸	420	581	885	826	361	315
组氨酸	260	141	293	222	151	168
丙氨酸	650	388	680	407	962	803
天冬氨酸	650	587	1 251	792	686	682
谷氨酸	1 660	1 219	3 051	1 533	2 541	1 871
甘氨酸	210	303	648	413	309	245
脯氨酸	860	272	884	543	782	658
丝氨酸	420	338	684	417	482	408

　　自然界中存在的蛋白质种类很多，结构极其复杂，通常根据蛋白质化学组成的复杂程度将其分为简单蛋白质和结合蛋白质两大类。粮食中的蛋白质主要是简单蛋白质。简单蛋白质依其溶解特性可分为清蛋白、球蛋白、谷蛋白和醇溶蛋白 4 种。清蛋白溶于纯水和中性盐的稀溶液，加热即凝固，加中性盐至饱和时，清蛋白便从溶液中盐析出来；粮食籽粒中都含有清蛋白，但含量较低。球蛋白不溶于水，而溶于中性盐的稀溶液，植物球蛋白加热后不会全部凝固；球蛋白是豆类和油料种子中的蛋白质的主要成分，禾谷类粮食中的球蛋白含量较低。醇溶蛋白不溶于水及中性盐溶液，而溶于 70%～80% 乙醇溶液。谷蛋白不溶于上述各种溶液，而溶于稀酸或稀碱溶液。醇溶蛋白是非全价蛋白，因为它几乎不含有赖氨酸和色氨酸这两种必需氨基酸；清蛋白、球蛋白和谷蛋白为全价蛋白。禾谷类粮食籽粒中均含有较多的谷蛋白。

　　蛋白质在不同杂粮的籽粒中含量是不同的。玉米中的粗蛋白含量在 8%～14%，平均为 9.9%。其中清蛋白含量占蛋白总含量的 2%～10%，球蛋白为 10%～20%，醇溶蛋白为 50%～55%，谷蛋白为 30%～45%。玉米籽粒中 70% 左右的球蛋白存在于胚芽中，籽粒的其他部位所含的蛋白质主要是醇溶蛋白和谷蛋白。

　　高粱中清蛋白和球蛋白含量较少，主要是醇溶蛋白和谷蛋白，其中醇溶蛋白占蛋白总含量的 $60\%\sim70\%$，谷蛋白为 $30\%\sim40\%$。高粱蛋白质的消化率为 $30\%\sim80\%$，高粱蛋白质中亮氨酸和缬氨酸的含量略高于玉米，精氨酸的含量略低于玉米，其他氨基酸的含量与玉米大致相等。

　　小米中蛋白质含量丰富，不同品种小米中的蛋白质含量差异较大，低的只有 7.2%，高的达 19.71%，平均含量在 11.42%，高于大米、玉米面、高粱米等。小米蛋白质是一种低过敏性蛋白，是安全性较高的食品基料，特别适宜孕妇、产妇和婴幼儿食用。小米蛋白质的氨基酸种类齐全，含有人体必需的 8 种氨基酸，除赖氨酸含量稍低外，其他 7 种氨基酸的含量均高于大米、玉米和小麦粉，其中色氨酸和蛋氨酸含量尤为丰富。

　　大麦的蛋白质含量在 $8\%\sim18\%$，平均为 13%。其中清蛋白占 $3\%\sim10\%$，球蛋白为 10%，醇溶蛋白为 $35\%\sim50\%$，谷蛋白为 $25\%\sim45\%$，与小麦的蛋白质含量大致相当，一般高于其他谷物类的蛋白质含量。大麦蛋白质质量相对较高，普通大麦品种的蛋白质有效比值平均为 2.04。目前已培育出赖氨酸含量为 $5.0\sim6.5$ 克/100 克的大麦品种。

　　燕麦的蛋白质含量较高，在 $15\%\sim20\%$，是小麦粉、大米的 $1.6\sim2.3$ 倍，其中清蛋白占 $5\%\sim10\%$，球蛋白为 $50\%\sim60\%$，醇溶蛋白为 $10\%\sim16\%$，谷蛋白为 $5\%\sim20\%$。与其他谷物相比，燕麦的氨基酸种类齐全，赖氨酸、苏氨酸等限制性氨基酸含量高，其中赖氨酸的含量是小麦粉的 $6\sim10$ 倍。

　　荞麦的蛋白质含量较高，为 $10\%\sim15\%$，含量与质量都优于大米、小麦和玉米。荞麦蛋白质主要为谷蛋白、清蛋白和球蛋白，近似于豆类蛋白质的组成，尤其是苦荞，清蛋白和球蛋白占蛋白质总含量的 50% 以上。组成荞麦蛋白质的氨基酸种类齐全，苦荞中 8 种人体必需氨基酸含量均高于小麦、大米和玉米，尤其是赖氨酸，甜荞中 8 种人体必需氨基酸含量是玉米的近 2 倍，苦荞中 8 种人体必需氨基酸含量是玉米的 3 倍。甜荞中色氨酸含量是玉米的 20 倍左右，苦荞中色氨酸含量是玉米的 35 倍以上。荞麦蛋白质具有降低血液与肝脏中胆固醇含量的功效，荞麦蛋白质富含精氨酸，因此对人体脂肪的蓄积也有抑制作用。

三、杂粮中的脂类

　　脂类是指由甘油和脂肪酸组成的三酰甘油酯，其中甘油分子的结构比较简单，脂肪酸的分子组成较复杂。脂肪酸分为饱和脂肪酸和不饱和脂肪酸。脂类可在多数有机溶剂中溶解，但不溶于水。杂粮中脂类的含量高于小麦和大米，有的甚至高出 $4\sim5$ 倍。研究认为，各种杂粮中的脂类均以不饱和脂肪酸为主，且必需脂肪酸含量较高。

玉米中含有 1.21%～8.8% 的脂肪，平均为 5.3%，且多为不饱和脂肪酸，其中 50% 为亚油酸，主要存在于胚芽中，其次是糊粉层，胚乳和种皮中脂类含量很低，只有 0.64%～1.06%。胚的脂类含量占玉米籽粒的 80%。所以在加工玉米的过程中，将胚全部提取出来，提高经济效益，成为玉米加工的又一主要任务。玉米胚芽油中脂肪的含量为：棕榈酸 11.1%、硬脂酸 2.0%、花生四烯酸 0.2%、油酸 24.1%、亚油酸 61.9%、亚麻酸 0.7%。

高粱中脂类的含量在 1.4%～6.2%，平均为 3.4%。高粱中含有的主要是非极性脂，占总脂含量的 93.2%，其次是极性脂（5.9%）。胚中的脂类含量达 28%，占高粱籽粒总脂量的 3/4，是高粱籽粒中含脂类最高的部分。种皮中的脂类含量为 4.9%，占籽粒脂类含量的 11%。高粱与玉米具有相似的脂类分布，高粱的脂肪酸组成也与玉米相似，其中亚油酸占 49%，油酸占 31%，棕榈酸占 14%，亚麻酸占 3%。高粱胚中的不饱和脂肪酸含量最高，游离脂肪酸含量最低；胚乳部分的不饱和脂肪酸含量最低，而游离脂肪酸含量最高。

小米中的脂类含量在 2.8%～8.0%，一般为 4%～5.5%，主要存在于胚的油质体中。小米的脂肪酸主要由棕榈酸、硬脂酸、油酸、亚油酸、亚麻酸和花生酸组成，不饱和脂肪酸约占脂肪酸总量的 85%。

大麦一般含有 2%～3% 的脂肪，有些大麦中的总脂肪高达 7%。大麦油中的脂肪酸主要为亚油酸（55%）、棕榈酸（21%）以及油酸（18%），其油脂主要分布于糊粉层和胚芽中，在不同的生物组织中分布相对集中，因此容易受大麦遗传变异性的影响。

燕麦中的脂类含量在 6.1%～7.9%，其中亚油酸占 35%～52%。燕麦中的脂质是由油和脂肪组成的，其中主要是三酰甘油。燕麦所含脂类大部分为不饱和脂肪酸，占脂肪酸总含量的 82.17%，其中油酸和亚油酸的含量最高。

荞麦的脂类含量在 1%～3%，其中油酸占 46.9%，亚油酸占 14.6%，与大宗粮食中的含量相当。脂类含有 9 种脂肪酸，不饱和脂肪酸的含量丰富，其中以油酸和亚油酸含量最多，占总脂肪酸的 80% 左右。荞麦所含脂类中的油酸和亚油酸的含量因产地的不同而异，北方荞麦的油酸、亚油酸含量高达 80% 以上；而西南地区，如四川的荞麦的油酸、亚油酸含量在 70.8%～76.3%。油酸和亚油酸等不饱和脂肪酸有助于降低人体血清胆固醇和抑制动脉血栓的形成，因此，荞麦在预防动脉硬化和心肌梗死等心血管疾病方面具有良好的保健作用。

四、杂粮中的维生素

杂粮含有丰富的维生素，如维生素 A、维生素 B_1、维生素 B_2 和维生素 E。杂粮中的维生素可以补充细粮缺乏的部分维生素，避免长期食用高脂肪食品和过于精细的粮食对人体造成伤害，能够增强体质、延缓衰老。杂粮中的维生素可以维持视觉功能的正常和上皮组织细胞的健康，可治疗眼干燥症、皮肤干燥及夜盲症等。杂粮中的维生素 B_1 含量很高。维生素 B_1 是一种水溶性维生素，能作为辅酶参加碳水化合物的代谢；另外，维生素 B_1 还能增进食欲、促进消化、维护神经系统的正常运转，可用于"脚气病"及神经炎的治疗。水稻、小麦中维生素 B_1 的含量不比杂粮低，但在加工过程中大量损失，因此，杂粮可以弥补细粮中维生素 B_1 的缺乏。维生素 B_2 可以促进发育和细胞的再生，帮助消除口腔、唇、舌的炎症，增进视力，减轻眼睛的疲劳，可用于唇炎、舌炎、口角炎的治疗。杂粮中的维生素 E 能抵抗自由基对细胞的侵害，预防癌症和心肌梗死；此外，它还参与抗体的形成，是真正的"后代支持者"。维生素 E 是强抗氧化剂，可以预防衰老。

燕麦含有丰富的维生素，包括维生素 B_1、维生素 B_2、维生素 E 及烟酸、叶酸等。燕麦中的维生素 B_1、维生素 B_2 较大米中的含量高，维生素 E 的含量也高于面粉和大米。维生素 B_1 和维生素 B_2 受热不稳定，经加工后损失较多；维生素 B_6 受热较稳定，经加工后损失较小。因而可以采用高温短时的挤压膨化技术生产燕麦食品，减少 B 族维生素的损失。燕麦中高含量的维生素 E 有延缓衰老、抑制老年斑的形成、保持皮肤的弹性及生理机能的旺盛等作用。

荞麦富含多种维生素，如维生素 B_1、维生素 B_2 和烟酸。这 3 种维生素的含量均高于大米和面粉。另外，燕麦中还含有其他粮食所没有的维生素 P，含量达 $610\sim800$ 毫克/千克。维生素 P 是黄酮类物质之一，能增强机体对传染病的抵抗力，维持和增强毛细血管正常的抵抗力，降低其通透性，常用于高血压病的辅助治疗及防治脑出血等，单独使用时无此效果，仅用于配合治疗。据报道，每 100g 甜荞籽粒中含总黄酮 90 毫克、芸香苷 20 毫克；苦荞籽粒含总黄酮 1.43 克、芸香苷 1.08 克，其花和叶中的含量更高。

大麦中的 B 族维生素以及维生素 E 含量丰富。其中维生素 B_1、维生素 B_2、维生素 B_6 以及维生素 E 的平均含量是大米的 3 倍左右，烟酸含量也很高。这些维生素中有一部分与蛋白质相结合，但可以通过碱处理获得其单体。大麦中还含有少量的维生素 H 和叶酸；除维生素 E 外，大麦中的脂溶性维生素主要存在于胚芽中，且含量很少。

小米中维生素 B_1 的含量位居所有粮食之首，维生素 A、维生素 D、维生素 C 和维生素 B_{12} 含量较低。粮食中一般不含胡萝卜素，而每 100g 小米中胡萝卜素的含量达 0.12 毫克；维生素 E 含量相对较高，每 1 克小米中大约含有 43.48 微克。小米中烟酸的利用率较高，不像玉米中的烟酸呈结合型而不利于人体吸收。小米中富含的色氨酸在人体中也能转化为烟酸，因此，小米中的烟酸可以满足人体的需要。

高粱中维生素 B_1、维生素 B_6 的含量与玉米相同，泛酸、烟酸、生物素的含量高于玉米，但烟酸和生物素的利用率低。1957 年，中央卫生研究院分析，每 1 千克高粱籽粒中含有硫胺素（维生素 B_1）1.4 毫克、核黄素（维生素 B_2）0.7 毫克、烟酸 6 毫克。成熟前的高粱绿叶中核黄素的含量也较高。高粱的籽粒和茎叶中都含有一定数量的胡萝卜素，尤其是作青饲或青贮用时胡萝卜素的含量较高。

五、杂粮中的矿物质

矿物质是人体内除碳、氢、氧、氮以外的所有化学元素的统称。矿物质和维生素一样，是人体必需的营养素。矿物质是人体自身无法产生、合成的，每日的摄取量也是基本确定的，但随年龄、性别、身体状况、环境、工作状况等因素的变化会有所不同。人体必需的矿物质有钙、磷、钾、钠、氯等常量元素和铁、锌、铜、锰、钴、钼、硒、碘、铬等微量元素。

各种杂粮中的钙、铁含量相差较大，大麦、燕麦中的铁含量高于大米和小麦。玉米富含硒，硒具有很强的抗氧化活性，被国际公认为是一种抗癌的微量元素，此外玉米中镁的含量也较高。

大麦的粗灰分含量在 2%～3%，其主要成分为磷、铁、钙和钾，还有少量的氯、镁、硫、钠等元素。大麦籽粒各部分中矿物质含量不同，胚芽和糊粉层中矿物质的含量比胚乳中的高。与大多数谷物一样，大麦中的植酸可与其他矿物质结合，特别是铁、锌、镁和钙，并且这种结合是不可逆的。因此，将谷物作为主要膳食成分时，会引起这些矿物质营养素的缺乏。

荞麦中的钙、铁、钠、镁、铜、锰、锌等营养素含量丰富。如四川有些甜荞的钙含量高达 0.63%，苦荞中的钙含量高达 0.724%，是大米的 80 倍。荞麦中铁的含量比小麦粉的高，铁是人体造血系统必不可少的重要成分。苦荞麦粉中含有多种矿物质，是人体必需矿质元素——镁、钾、钙、铁、锌、铜、硒等的重要供源，其食品营养价值已引起人们的关注。镁、钾、铁的高含量表明苦荞粉具有营养保健功能。苦荞中镁的含量为小麦面粉的 4.4 倍、大米的 3.3 倍；钾的含量为小麦面粉的 2 倍、大米的 2.3 倍、玉米粉的 1.5 倍。钾元素是维持体内水分平衡、酸碱平衡和渗透压平衡的重要物质。苦荞中的铁元素含量十分充足，为其他大宗粮食的 2～5 倍，能充分满足人体制造血红素对铁元素的需求，预防缺铁性贫血的发生。苦荞中的钙是天然钙，含量高达 0.724%，是大米的 80 倍，在食品中添加苦荞粉能增加含钙量。燕麦中硒的含量居谷物之首，分别是大米的 34.8 倍、小麦的 3.7 倍，故燕麦具有增强免疫力、防癌、抗癌、抗衰老等作用。高粱中的钙含量与玉米相当（表 1-6）。小米中的钙、铁、镁、铜、硒等矿物质含量很高，高于大米、小麦、玉米中的含量。由于小米不需精制，因此小米中矿物质的含量也高于大米。

表 1-6　杂粮矿物质含量

单位：毫克/100 克

矿物质	玉米	大麦	燕麦	荞麦	高粱	粟
钙	18	66	186	47	22	41
磷	25	381	291	297	329	229
钾	8	49	214	401	281	284
钠	6.3	0	3.7	4.7	6.3	4.3
镁	6	158	177	258	129	107
铁	4	6.4	7	6.2	6.3	5.1
锌	0.09	4.36	2.59	3.62	1.64	1.87
硒	0.000 7	0.009 8	0.004 31	0.002 45	0.002 83	0.004 74
铜	0.07	0.63	0.45	0.56	0.53	0.54
锰	0.05	1.23	3.36	2.04	1.22	0.89
碘	0	0	0	0	0	1.7

第四节　杂粮的深加工技术

一、杂粮深加工现状

杂粮加工是指按照用途将杂粮制成成品或者半成品的生产过程。根据原料加工程度，可将杂粮加工分为初加工和深加工两种类型。初加工是指加工程度浅、层次少，产品与原料相比，理化性质、营养成分变化小的加工过程，主要包括清选去杂、分级、脱壳、干燥、抛光等加工工序；深加工是指加工程度深、层次多，经过若干道加工工序，原料的理化特性发生较大变化，营养成分分割很细，并按照需要进行重新搭配的多层次加工过程，主要包括功能性物质和生物活性成分的萃取、分离以及提纯等加工技术。

杂粮加工产品主要有初加工产品、传统食品、休闲方便食品、发酵产品以及功能性食品，而无论对杂粮进行初加工还是深加工，均可提升杂粮产品的附加值。

（一）杂粮加工及发展现状

发达国家或地区对杂粮作物原料的加工研究起步早、投入大、发展快，杂粮加工的特点是机械化、自动化、规模化、集约化，品种多样化，严格作业，清洁卫生，环保意识强，达到无污染综合治理。目前，发达国家或地区的粮食初、深加工技术处于国际领先水平，例如加拿大、美国、日本在绿豆、薏米等杂粮的脱壳（皮）、清选分级等初加工方面技术先进，在燕麦、荞麦、高粱等杂粮功能成分研究和产品开发方面亦开发了先进的快速检测技术，且加拿大、美国、日本开发的多种杂粮初加工产品、功能性产品已大量进入市场。目前在发达国家，农产品加工企业一般采用"企业＋农场"的形式，农业纵向一体化程度不断加深，其杂粮生产亦向机械化、现代化方面发展。

我国杂粮加工技术开发起步晚，投入人力、资金有限，在杂粮加工方面，与欧美等农业发达的国家相比有很大差距。农业发达国家用于深加工的杂粮数量占其粮食总产量的50％以上，而我国杂粮深加工的利用率还不到总产量的10％，且大多数加工水平停留在初级加工上，工艺落后、产品质量差，精深加工水平有限。例如，在以家庭作坊为主的加工过程中，只能提供低档次食品，保质期短，市场占有份额小，效益不高。

我国杂粮的精深加工从无到有，现在的发展速度较快，平均每年新开发的以杂粮为原料生产的口感好的有机食品、营养食品、保健食品等系列食品和工业化产品达一二百种，深受消费者的欢迎。在杂粮初加工与精深加工不断发展的同时，我国杂粮个体经营和大企业经营也在发展。

近几年，我国有一批杂粮加工企业与科研机构致力于开发深加工产品，并取得了一些成果。例如山西、四川、贵州等省的部分企业在燕麦、荞麦、薯类等杂粮的开发利用上出现了一些相对成功的典范，加工产品也涉及速食、保健、休闲食品等，但仍存在新产品少、产品品质相对较差、缺乏高端产品等问题。尽管我国在燕麦、苦荞等功能产品开发方面，有不少科研单位的研究已与国际接轨，达到或接近国际同类水平，但研究评价体系尚未建立，加工技术与工艺相对落后，成果转化率太低，这主要是由于长期以来我国农业科技工作重点在大宗粮食生产领域，对杂粮生产、加工领域的研究重视不够，鲜有采用现代高新技术进行精深加工，导致杂粮生产、加工领域的技术创新能力不强。

总之，尽管近年来我国杂粮加工业发展迅速，但仍处于起步阶段，大多数企业分散经营、规模小、品牌多而杂，深加工、精加工不足，且缺乏高质量和高水平监测手段。杂粮加工业在我国是新兴产业，市场体系不健全，宣传力度不够，生产、加工、销售之间缺乏信息交流，产销脱节，生产盲目性大，市场价格不稳，限制经济效益发挥，影响了我国杂粮产业的发展。

（二）杂粮深加工与产业发展的技术支持

1. 杂粮加工品质评价的研究

杂粮生产已从单纯追求高产逐步转向注重高产优质方面，需要全面了解杂粮的原料品质与加工产品品质的关系。通过加工适用性研究，建立杂粮加工品质评价指标和方法体系，将为杂粮的育种、出口和健康营养食品的开发与加工提供科学依据，同时作为纽带，将杂粮的产前、产中、产后各环节有机地衔接起来。

2. 杂粮食用品质改良的研究

多数杂粮都有口感较差的缺点，需要通过基础研究，了解贡献食品风味与功能特性的食品组分及其相互作用，即进行食品加工前后的感官品质测定，预测与评价食品营养、感官和加工品质；深入研究蛋白质、淀粉、纤维素、脂肪等生物聚合物的流变学、相转变行为与加工工艺和产品品质之间的关系。

3. 顺应外向发展需要的杂粮加工技术要求

绿色有机生产与加工是杂粮外向发展的必然要求。需要深入研究解决的主要加工技术问题有：无化学熏蒸条件下的粮食储藏技术；无合成添加剂条件下的食品加工和保存技术；确保食品营养性损失降低到最低程度的食品加工技术；无污染、保存期长的包装技术；适应绿色食品原料及产品的流通技术等。

4. 建立全方位加工技术信息支持体系

根据杂粮产业技术与经济发展的需求，建立杂粮标准化生产技术、杂粮资源特性评价体系，以及杂粮专家、专用品种、最新成果、杂粮文化、杂粮加工、产业信息、学术交流、自由论坛等技术信息的共享平台，密切关注杂粮产前、产中、产后技术研究动向和产业发展趋势，为生产和加工利用提供全方位的技术信息支持，是推进杂粮产业链建设必要的支撑条件。

5. 科技创新战略研究

在杂粮育种、生产、加工利用及食品科学、经济学等多学科的支持下，采用经济学、社会科学、自然科学交叉结合的综合方法，调查杂粮资源加工利用和影响杂粮消费的主要因子；分析杂粮加工利用能力、消费数量、产品结构、消费变化趋势、贸易水平和贸易产品结构、贸易流向以及贸易变化趋势；构建杂粮加工技术和产品需求模型，以及杂粮科技创新研究体系和生产、加工利用技术扩散与产业化推进体系。这必将形成杂粮产业总体提升和实现可持续发展的强大推动力。

6. 探索企业技术创新推进机制

国内已经拥有一批颇具影响力的杂粮深加工骨干企业，也陆续涌现出一批快速发展的新型杂粮食品加工企业。强化对企业的科技支持，通过着力解决企业生产技术难题等可行方法，探索建立产学研协作共进、成果共享、相互支撑、共同发展的长效机制，培育一批杂粮加工业龙头企业和技术创新中心，这是杂粮深加工科技支持的重中之重，也是做大做强杂粮产业的必由之路。

二、新型杂粮深加工产品形式

（一）蛋白提取物

荞麦种子经碾磨、碱提、浓缩、中和、杀菌、干燥制得的荞麦蛋白萃取物（Buckwheat Protein Extract，BWPE）有较强的胆固醇抑制作用。国外对荞麦蛋白质的利用方式主要是作为产品的配料，以改善食品的组织结构，增加营养价值。

（二）油榨物

1. 荞麦油

荞麦胚芽经洗涤、脱水干燥、压榨后可制得荞麦油。荞麦油中的脂肪酸种类多、含量高，其中脂肪酸 C18：1≥29.21%、C18：2≥33.01%，且不饱和脂肪酸多为反式脂肪酸，易进行脂肪酸代谢。

2. 薏苡仁油

薏苡仁油具有抑制肿瘤细胞生长、增强机体免疫、缓解因化疗引起的白细胞减少的功效，其营养保健功能已得到公认。利用超声波超声强化提取薏苡仁油，再利用超临界 CO_2 流体萃取技术对薏苡仁油脂肪进行萃取分离，发现其含有较多的油酸和亚油酸。

（三）黄酮类物质

黄酮类化合物具有清热解毒、活血化瘀、改善微循环、拔毒生肌、降糖、降脂等生物功效，并可吸收紫外线。自荞麦中提取的类黄酮可作为医药原料和添加剂用于制作中成药、营养保健食品、护肤霜、防辐射面膏、淋浴液、生物类黄酮胶囊、生物类黄酮牙膏等，具有广阔的开发前景。此外，生物类黄酮物质还可作为天然抗氧化剂用于抑制油脂酸败，且无毒、无副作用。

（四）茶饮料

包括普通型饮料和发酵型饮料。普通型饮料如富含黄酮物质的荞麦功能饮料、大麦茶、大麦咖啡、绿豆汁、薏苡仁保健饮料、燕麦乳、小米奶饮料等；而辅以牛奶、蔗糖，经乳酸菌发酵制成的荞麦酸奶、小米酸奶、薏苡仁酸奶属于发酵型饮料。

（五）发酵、焙烤制品

酱和醋是常见的发酵制品。在蒸煮的大豆中加入荞麦、食盐混合发酵而成的荞麦酱，外观酱红色，风味独特，赖氨酸、精氨酸、甘氨酸及其他游离氨基酸含量均比普通酱类高；荞麦醋则具有苦荞特有的香气，酸味柔和，营养丰富。焙烤食品是食品中的一大门类，目前已生产出以添加粉碎后的苦荞叶的小麦面粉为原料，富含黄酮物质的保健型面包、桃酥，以小麦粉、籽粒苋粉为原料制成的面包和以苦荞面粉、小麦面粉为主料生产的蛋糕、面包等。

（六）多糖、淀粉类提取物

大麦含有 $55\% \sim 65\%$ 的淀粉，是最便宜的淀粉来源之一，其淀粉可用于制作天然淀粉、淀粉衍生物、果葡糖浆等；薏苡仁多糖是从薏苡仁的生产加工残渣中提取出来的，具有降血糖的作用。

（七）β-葡聚糖和葡聚糖凝胶

从燕麦中提取出的β-葡聚糖作为功能性食品的成分，可应用在食品、美容和医药行业；燕麦水溶性β-葡聚糖凝胶是一种弱凝胶，作为食品配料添加到食品中可改善口感，且无异味。

（八）酒类食品

自古以来，四川凉山地区的彝族人民就用苦荞麦为原料酿酒。如今，杂粮中的大麦是生产啤酒的主要原料，小米、高粱也可用来生产啤酒或白酒。其中，以小米为原料生产出的新型酒产品具有独特的液体颜色和保健功能，成为酒类市场上的新宠。

（九）膨化食品和方便食品

目前，市场上已经出现以黑小米、黑玉米、黑豆等黑色杂粮为主要原料加工而成的膨化食品。采用科学的工艺，在最大限度地保留杂粮中的黑色素及其他营养成分的基础上，在配料中加入奶粉等营养物质和呈香物质，使产品营养丰富、口感好，适合各类人群食用，且具有一定的保健作用；杂粮方便食品曾以杂粮挂面居多，如今，以先进的分离组合技术生产的杂粮八宝粥，采用新型加工设备、工艺生产的杂粮方便面顺应了大众对于加强营养、平衡膳食的要求，为杂粮深加工开辟了新的道路。

第二章 杂粮营养价值的开发

杂粮富含多种营养素，既是传统食粮，又是现代保健珍品，在有机食品、保健食品中占有重要地位。粗、细粮搭配的营养价值比单吃一种粮食高出很多，根据近些年对杂粮的营养价值研究，各种杂粮都有非常重要的营养保健作用。

第一节 小 米

一、小米的概述

谷子去皮后为小米，去皮之前为谷子。

谷子又称粟，古代又作禾，也叫粱，为禾本科狗尾草属的一个栽培种。一般称没有去壳的为谷子或粟，去壳之后称作小米。谷子原产于我国，是世界上栽培历史最悠久的作物之一，也是我国最古老的栽培植物之一。我们的祖先早在距今 7 000～8 000 年前就已经培育出谷子品种，并在我国北方广大地区普遍种植。谷子在全世界分布广阔，从南纬 40°至北纬 61°，从平原到号称"世界屋脊"的青藏高原都有它的踪迹。我国谷子的栽培面积最大，总产量最高，其次为印度、朝鲜、日本、埃及、俄罗斯、阿根廷等国家。全世界谷子种植总面积为 7.3 万公顷，平均单产 675 千克/公顷左右。我国谷子的栽培遍及各省份，但主产区集中在东北、华北、西北地区。近年来，随着农业生产的发展，种植业结构调整，我国谷子面积与 20 世纪 80 年代相比有所下降，其中春谷面积下降幅度较大，而夏谷面积有所发展。据 2001 年统计，全国谷子种植面积约125 万公顷，年总产 212 万吨左右，平均单产 1 700 千克/公顷；种植面积较大的省份是河北、山西、内蒙古、陕西、辽宁、河南、山东、黑龙江、甘肃、吉林、宁夏，总面积 123 万公顷，占全国谷子面积的 98.4%，平均单产 1 760 千克/公顷。其中黑龙江、吉林、辽宁的谷子面积 19.5 万公顷，占全国谷子面积的 15.6%，平均单产 1 448 千克/公顷；河北、山西、内蒙古谷子面积 75.4 万公顷，占全国谷子面积的60.3%，平均单产1 760千克/公顷；陕西、甘肃、宁夏谷子面积14.6万公顷，占全国谷子面积的11.7%，平均单产980千克/公顷；河南、山东谷子面积13.5万公顷，占全国谷子面积的10.8%，平均单产2 003千克/公顷。

谷子是耐旱、耐瘠、高产作物，根系发达，能从土壤深层吸收水分；谷子叶面积小，叶脉密度大，保水能力强，蒸发量小，在干旱条件下具有高度的耐旱、耐瘠性，在干旱瘠薄的土壤上种植，具有良好的高产、稳产性。除了有较强的抗旱能力以外，谷子还有其他许多优点，如优质、耐储等。但近年我国谷子的种植面积逐渐减少，对这一情况要加以重视。今后应有计划地扩大种植面积。

二、小米的营养价值

小米粗蛋白质平均含量为11.4%，高于稻米、小麦粉和玉米。小米中人体必需的氨基酸含量较为合理，除赖氨酸较低外，小米中人体必需的氨基酸指数分别比稻米、小麦粉、玉米高41%、65%、51.5%，特别是色氨酸含量高达202毫克/100克，其他粮食望尘莫及。小米的粗脂肪含量平均为4.28%，高于稻米、小麦粉，与玉米近似。其中，不饱和脂肪酸占脂肪酸总量的85%，对于防止动脉硬化有益。小米碳水化合物含量为72.8%，低于稻米、小麦粉和玉米，是糖尿病患者的理想食物。小米的维生素A、维生素B含量分别为0.19毫克/100克和0.63毫克/100克，均超过稻米、小麦粉和玉米。较高的维生素含量对于提高人体抵抗力有益，可预防皮肤病的发生。小米中的矿物质含量如铁、锌、镁均大大超过稻米、小麦粉和玉米，钙含量大大超过稻米和玉米，低于小麦粉，此外还含有较多的硒，平均为71微克/千克。上述矿物质含量较高，具有补血、壮体、防治克山病和大骨节病等作用。小米的食用粗纤维含量是稻米的5倍，可促进人体消化。

日本岩手大学的N. Nishizawa研究发现，谷子籽粒蛋白质能显著提高血浆中高密度脂蛋白的浓度，高密度脂蛋白具有抗动脉粥样硬化的功能（刁现民，2009）。同时，谷类籽粒中的蛋白对胆固醇的新陈代谢也有一定的调节作用。现代医学研究认为，饭后的困倦程度往往与食物蛋白质中的色氨酸含量有关。色氨酸能促使人的大脑神经细胞分泌一种使人困倦的血清素——5-羟色胺，它能暂时抑制人的大脑思维活动，使人产生困倦感。

小米富含色氨酸，还含极易被消化的淀粉，进食小米后，人能很快产生温饱感，促进人体胰岛素的分泌，进一步增加色氨酸进入人脑内的数量。所以，小米是一种无药物副作用的安眠食品。另外，德国海德堡大学的Taucher博士在谷子中发现了一种具有超强凝聚作用的蛋白质，可用于污水处理等（刁现民，2009）。

三、谷子的保健功能

小米的保健作用在中医学文献中有许多记载，也是广为人知且公认的。

小米性味甘、咸、微寒，具有滋养肾气、健脾胃、清虚热等功效。《本草纲目》中记载：小米"治反胃热痢，煮粥食，益丹田，补虚损，开肠胃"。《滇南本草》《本草拾遗》中也有类似的记载。中医亦讲小米"和胃温中"，认为小米味甘咸，有清热解毒、健胃除湿、和胃安眠等功效，内热者及脾胃虚弱者更适合食用。吃小米能开胃又能养胃，具有健胃消食，防止反胃、呕吐的功效。

小米熬粥时浮出的一层米油，营养特别丰富。清代王士雄在《随息居饮食谱》中写道："贫人患虚症，以浓米汤代参汤，每收奇迹。"所以，小米是产妇及老人、病人、婴幼儿良好的营养食物和滋补佳品。

第二节　高　　粱

一、高粱的概述

高粱又名蜀黍、芦粟、秫秫，是世界五大谷类作物之一，也是中国最早栽培的禾谷类作物之一。高粱起源于非洲中部和我国西南部干旱地区。我国华北地区有一种野生的"落高粱"，能在缺水的山坡甚至岩石的缝隙中生长，有人认为它就是我国高粱的祖先。

考古学家研究证明，在距今5 000多年前，我国就已开始种植高粱，距今2 000多年前，高粱已在黄河流域和长江流域广大地区种植。与此同时，我国许多古籍里都有关于高粱的记载，其别名很多，如蜀秫、蜀黍、芦粟、乌禾等。3世纪成书的《广雅》里说："乌禾，塞北最多，农家种之，以备他谷不熟为粮耳。"6世纪成书的《齐民要术》专门叙述了高粱的栽培技术。明代成书的《本草纲目》记述："蜀秫，北地种之，以备缺粮，余及牛马，盖栽培已有四千九百年。"明代的科学先驱者徐光启在《农政全书》中评价高粱："北方地不宜麦禾者，乃种此，尤宜下地立秋后五日，虽水潦至一丈深，而不坏之。"

高粱具有独特的抗逆性（抗旱、耐涝、耐盐碱）和适应性，在平原、山丘、涝洼、盐碱地均可种植，属于高产、稳产作物，是重要的粮食和饲料作物，在我国谷物生产特别是饲料生产中占有重要地位。历史上，高粱曾是我国北方地区的主要粮食作物之一，随着人民生活水平的提高，其食用的重要性有所下降，但仍然是部分地区人民不可缺少的调剂食品。

二、高粱的营养价值

高粱籽粒所含养分以淀粉为主，占籽粒重量的65.9%～77.4%，每100克高粱米中含蛋白质8.4克、脂肪2.7克、碳水化合物75.6克、钙7毫克、粗纤维0.3克、灰分0.4克、钙17毫克、磷188毫克、铁4.1毫克、硫胺素0.14毫克、核黄素0.07毫克、烟酸0.6毫克、维生素$B_1$0.26毫克、维生素$B_2$0.09毫克。每100克高粱米的热量为1 525.7千焦。

与其他禾谷类作物相比，高粱的营养价值较低，主要表现在其蛋白质含量较低，且以难溶的醇溶蛋白和谷蛋白为主。高粱籽粒中的赖氨酸含量较低，一般只有2.18%左右，但高粱中含的脂肪及铁较大米多。高粱皮膜中含有丹宁，加工过粗，则饭呈红色，味涩，不利于蛋白质及矿物质的消化吸收。

丹宁是一种水溶性色素，广泛存在于植物体内，粮食中高粱含丹宁最多，主要集中在皮层。丹宁有涩味，并妨碍消化吸收，容易引起便秘，降低食用品质；加工过程中如采用碱液处理工艺，可制得洁白的高粱米，丹宁含量可降至很低，蛋白质消化率可增加40%。丹宁的含量一般为种仁总量的0.03%～0.46%。

高粱的皮色愈深，丹宁含量愈多。由于丹宁具有涩味，影响人们的食欲和消化，所以制米的原粮，以新鲜、皮色浅、丹宁含量少的为佳；而作为制取淀粉的原料，则可选用皮色深、丹宁含量较多的陈高粱。

三、高粱的保健价值

高粱还有一定的药用疗效，中医认为高粱性味甘平、微寒，有和胃、健脾、消积、温中、涩肠胃、止霍乱的功效。如用高粱籽粒加水煎汤喝，可治食积；用高粱米加葱、盐，与羊肉汤共煮粥吃，可治阳虚自汗等。高粱中含有丹宁，有收敛固脱的作用，患有慢性腹泻的病人常食高粱米粥有明显疗效，但大便燥结者应少食或不食高粱。高粱根也可入药，有平喘、利尿、止血的作用。

常吃高粱粥，可治积食等消化不良症。取高粱米入锅炒香，磨粉食用，可治疗小儿消化不良。高粱米与红枣煮成粥，具有益脾健胃、助消化的作用。

第三节　荞　麦

一、荞麦的概述

荞麦起源于中国，已知最早的荞麦实物出土于陕西咸阳杨家湾四号汉墓中，距今有 2 000 多年。唐朝时，荞麦食品由中国经朝鲜进入日本后，吃法达百余种，现今荞麦及荞麦面条在日本十分流行。

（一）甜荞

甜荞属蓼科甜荞属，古作荍，又名乌麦、花麦、三角麦、荞子，为非禾本科谷物。

在我国古代原始农业中，甜荞有极重要的地位。历代史书、著名古农书、古医书、诗词、地方志以及农家俚语等，都有关于甜荞形态、特性、栽培和利用方面的记述。如唐代杂说详细记载了甜荞的耕作栽培技术；宋人对甜荞的生理生态方面有不少新的认识；元代在甜荞栽培方面提出"宜稠密撒种，则结实多，稀则结实少"；明代成书的《养余月令》、清代成书的《救荒简易书》等都指出甜荞可与苜蓿混种；《农桑经》主张"田多者，年年与菜子夹种"等。

甜荞作为一种传统作物在全世界广泛种植，但在粮食作物中的所占比重很小。我国的甜荞种植面积和产量均居世界第二位，常年种植面积 70 万公顷，总产量 75 万吨。20 世纪 50 年代，我国的甜荞种植面积曾达到 225 万公顷，总产量为 90 万吨。我国甜荞主要产自内蒙古、陕西、山西、甘肃、宁夏、云南等省份。甜荞生育期短，是很好的救灾填闲作物。1954 年，长江流域发生特大洪涝灾害，就是直接种植甜荞救灾。

甜荞在我国粮食作物中虽属小宗作物，却具有其他作物所不具备的优点和成分。它全身是宝，经济价值高。自古以来，我国人民以甜荞籽实磨面制成饽饽、煎饼、汤饼（河漏）等食品；食用嫩叶；以秆辟虫；将干叶、皮壳、碎粒、荞麸以及茎秆作饲料；茎秆垫圈、沤肥；皮壳、茎秆的灰分可提取碳酸钾等工业原料；花和叶可提取芦丁作医药原料。此外，甜荞还是我国的重要蜜源作物和救灾作物。幼叶嫩叶、成熟秸秆、茎叶花果、米面皮壳无一废物。从食用到防病治病，从自然资源利用到养地增产，从农业到畜牧业，从食品加工到轻工业生产，从国内市场到外贸出口，甜荞都有一定作用。在现代农业中，甜荞作为特用作物，在发展中西部地方特色农业和帮助贫困地区农民脱贫致富中有着特殊的作用，在我国区域经济发展中占有重要地位。

(二) 苦荞

苦荞属蓼科，为荞麦属中仅有的两个栽培种之一，主要分布于亚洲的高海拔地区。

苦荞在我国分布不如甜荞广泛，加之其味略苦，营养价值和药用价值一向鲜为人知，传统的加工食用方法又简单粗糙，故其地位一直较低。

我国苦荞主要集中种植在云南、四川、贵州、西藏、甘肃、陕西、山西等海拔 1 500～3 000 米的高寒山区和高原地区，其中云南、四川、贵州的苦荞种植面积占全国种植面积的 80％左右。国外只有与中国毗邻的喜马拉雅山南麓的尼泊尔、不丹等国有零星种植，并未进行与生产加工有关的科学研究。

据 2010 年的不完全统计，我国荞麦的种植面积为 73 万公顷，其中苦荞种植面积为 33 万公顷。随着科学研究的深入以及国际学术界的交流，苦荞的营养价值、药用价值逐渐引起国内外的关注和重视，保健食品的开发和产量逐年提高。

二、荞麦的营养价值

(一) 甜荞的营养价值

甜荞籽粒营养丰富，并含有一些其他粮食作物不含或少含的营养物质。据分析，甜荞籽粒含蛋白质 10.6％、脂肪 2.1％～2.8％、淀粉 63％～71.2％、纤维素 10.0％～16.1％。

甜荞面粉的蛋白质含量低于燕麦面粉（莜面）和糜子米面（黄米面），明显高于大米、小米、高粱、玉米面及糌粑。其蛋白质的组成也不同于一般粮食作物，近似于豆类的蛋白质组成，既含有水溶性清蛋白（清朊），又含有盐溶性球蛋白，而且清蛋白和球蛋白的总量占蛋白质含量的比例较大。甜荞面粉的氨基酸含量高、种类多，营养价值高，很容易被人体吸收和利用。

甜荞的脂肪含量仅次于燕麦面粉和玉米面，高于大米、小麦、糜子米面和糌粑。甜荞脂肪在常温下呈固形物，黄绿色，无味，含 9 种脂肪酸，其中油酸和亚油酸含量最多，占脂肪酸总量的 75％，还含有 19％的棕榈酸、4.8％的亚麻酸等。

甜荞中的淀粉粒呈多角形单粒体，且很小，单粒淀粉直径为普通淀粉粒的 1/14～1/5。甜荞淀粉中直链淀粉含量高于 25％，煮熟的荞麦饭较干、疏松、黏性差。

甜荞籽粒中含有铁（11.54 毫克/100 克）、锰（1.71 毫克/100 克）、钙（43.71 毫克/100 克）、磷（388.2 毫克/100 克）、铜（1.21 毫克/100 克）、锌

（2.72 毫克/100 克）、镁和极微量的硼、碘、镍、钴、硒（0.005 4 毫克/100 克）等元素。其中镁、钾、铜、铁等元素的含量为大米和小麦面粉的 2～3 倍。

此外，甜荞还含有柠檬酸、草酸和苹果酸。籽粒中的维生素——硫胺素（维生素 B_1）、核黄素（维生素 B_2）比小麦面粉多 3～4 倍，烟酸（3.11 毫克/100 克）、叶酸的含量也高于其他主要粮食。另外，甜荞还含有其他谷物所不含的叶绿素、生物类黄酮，不仅有利于食物的消化和营养物质的吸收，也有利于人们的身体健康。

（二）苦荞的营养价值

1. 蛋白质

苦荞的蛋白质含量在 9.3％～14.9％，高于小麦和大米，也高于玉米，但因品种、种植地区和籽粒新鲜程度的不同而有较大差异。苦荞面粉中蛋白质组分不同于其他谷类作物，其清蛋白和球蛋白的含量较高，约占蛋白质总量的 46.93％，高出小麦面粉 20.83％；醇溶蛋白和谷蛋白含量较低，分别为 3.29％和 15.57％，仅为小麦面粉的 1/10 和 1/2；残渣蛋白含量为 34.32％，为小麦面粉的 12.7 倍。苦荞粉和小麦面粉在蛋白质组分上的差异，造成了面食品加工特性的差异。苦荞粉的面筋含量很低，近似豆类蛋白，总量低于大米、小麦、玉米。

苦荞中人体必需的 8 种氨基酸含量都高于小麦、大米、玉米和甜荞。苦荞富含谷类作物最易缺少的赖氨酸，含量是小麦的 2.8 倍、玉米的 1.9 倍、大米的 1.8 倍、甜荞的 1.6 倍。苦荞中的色氨酸含量是玉米的 2.4 倍、甜荞的 1.7 倍、小麦的 1.6 倍，高出大米含量 15％。

2. 脂肪

苦荞脂肪含量较高，为 2.1％～2.8％，在常温下呈固形物，黄绿色，无味，不同于一般禾谷类作物。苦荞脂肪的组分较好，含 9 种脂肪酸，其中含量最多的是高度稳定、抗氧化的不饱和脂肪酸、油酸和亚油酸，占总脂肪酸的 87％。另外，苦荞中还含有硬脂酸、肉豆蔻酸和未知酸，硬脂酸为 2.51％，肉豆蔻酸为 0.35％。苦荞脂肪酸含量因产地而异。

3. 淀粉和膳食纤维

苦荞籽粒中淀粉的含量在 63.6％～73.1％，因地区和品种的不同而存在差异。苦荞中的淀粉近似大米淀粉，但颗粒较大，与一般谷类淀粉比较，苦荞淀粉食用后易于人体消化吸收。

苦荞粉中的膳食纤维含量在 3.4％～5.2％，其中可溶性膳食纤维在 0.68％～1.56％，占膳食纤维总量的 20％～30％，高于玉米粉膳食纤维 8％、甜荞粉膳食纤维 60.39％，是小麦面粉膳食纤维的 1.7 倍和大米膳食纤维的

3.5 倍。

4. 维生素

苦荞粉中含有维生素 B_1、维生素 B_2、烟酸、维生素 P、维生素 E，其中 B 族维生素含量丰富。维生素 B_1 和烟酸显著高于大米，维生素 B_2 是小麦面粉、大米和玉米粉的 1～4 倍，有促进生长、增进消化、预防疾病的作用。苦荞中还含有维生素 B_6，约为 0.02 毫克/克。

苦荞含有其他谷类粮食所不具有的维生素 P（芦丁）及维生素 C。芦丁是生物类黄酮物质之一，是一种多元酚衍生物，属芸香糖苷，它和烟酸都有降低血脂和改善毛细血管通透性及血管脆性的作用。维生素 P 与维生素 C 并存，苦荞粉中维生素 P 的含量高达 6%～7%，而甜荞仅有 0.3% 左右，其含量差数在 20 倍以上。苦荞中维生素 C 的含量为 0.80～1.08 毫克/克；维生素 E的含量为 1.35 毫克/克，有促进细胞再生、防止衰老的作用。

5. 矿质元素

苦荞粉中含有多种矿质元素，对人体功能的作用和食品营养已引起人们的关注。苦荞是人体必需矿质元素镁、钾、钙、铁、锌、铜、硒等的重要供源。镁、钾、铁的高含量充分展示了苦荞粉的营养保健功能。

苦荞中的镁含量为小麦面粉的 4.4 倍、大米的 3.3 倍。镁元素有参与人体细胞能量转换，调节心肌活动并促进人体纤维蛋白溶解，抑制凝血酶生成，降低血清胆固醇，预防动脉硬化、高血压、心脏病的作用。

苦荞中的钾含量为小麦面粉的 2 倍、大米的 2.3 倍、玉米粉的 1.5 倍。钾元素是维持体内水分平衡、酸碱平衡和渗透压平衡的重要物质。苦荞中的铁元素含量十分充足，为其他大宗粮食的 2～5 倍，能充分满足人体制造血红素对铁元素的需求，防止缺铁性贫血的发生。

苦荞中的钙是天然钙，含量高达 0.724%，是大米的 80 倍，在食品中添加苦荞粉能增加含钙量。

苦荞还含有硒元素，硒元素有抗氧化和调节免疫的功能。硒在人体内可与金属结合，形成一种不稳定的金属硒蛋白复合物，有助于排除体内的有毒物质。

此外，苦荞中还含有较多的 2,4-二羟基顺式肉桂酸，含有抑制皮肤生成黑色素的物质，有预防老年斑和雀斑发生的作用，还含有阻碍白细胞增殖的蛋白质阻碍物质。

三、荞麦的保健功能

（一）甜荞的保健功能

我国古书中有很多关于荞麦治病防病的记载。唐代成书的《备急千金要方》记载："荞麦味酸微寒无毒，食之难消，动大热风。其叶生食，动刺风令人身痒。"宋代成书的《本草图经》有"实肠胃、益气力"的记述。明代成书的《二如亭群芳谱》写荞麦"性甘寒，无毒，降气宽中，能炼肠胃……气盛有湿热者宜之"。清代成书的《台海使槎录》有"婴儿有疾，每用面少许，滚汤冲服立瘥"的描述。清代成书的《植物名实图考》记荞麦"性能消积，俗呼净肠草"。

荞麦面食有杀肠道病菌、消积化滞、凉血、除湿解毒、治肾炎、蚀体内恶肉之功效；荞麦粥营养价值高，能治胃灼热和便秘，是老人和儿童的保健食品；荞麦青体可治疗坏血病，植株鲜汁可治眼角膜炎；荞麦软膏能治丘疹、湿疹等皮肤病；以多年生野荞根为主要原料的"金荞麦片"（其有效成分为双聚原矢车菊糖苷配基），具有较强的免疫功能和抗菌作用，可祛痰、解热、抗炎和提高机体免疫功能。

近代医学研究表明，芦丁可防治由毛细血管脆弱性出血引起的脑出血，肺出血，胸膜炎，腹膜炎，出血性肾炎，皮下出血和鼻、喉、齿龈出血，可治疗青光眼、高血压。此外，还可治疗糖尿病及其引起的视网膜炎及羊毛疔。

甜荞含有多种有益人体的矿质元素，不但可提高人体内必需元素的含量，还有保肝肾功能、造血功能及增强免疫功能，可达到强体、健脑、美容、保持心血管正常、降低胆固醇的效果。100克甜荞籽粒中含有21.85毫克铜，相当于大麦的2倍、燕麦的2.5倍、小米的3倍、小麦和大米的2～4倍。铜能促进铁的利用，人体内缺铜会引起铁的不足，导致营养性贫血，食荞麦有益于防治贫血。荞麦还含有其他粮食稀缺的硒，有利于防癌。

甜荞还含有较多的胱氨酸和半胱氨酸，有较高的放射性保护特性。

（二）苦荞的保健功能

研究表明，苦荞所含的蛋白复合物能提高人体抗氧化酶的活性，对体内的脂质过氧化物有一定的清除作用。斯洛文尼亚共和国的克列夫特（I. Krefo）教授的淀粉水热处理试验结果表明，苦荞可用作糖尿病人的良好补充饮食，因为经水热处理的苦荞淀粉和小麦淀粉相比，可以获得更高比例的有利于葡萄糖缓慢性释放的耐消化淀粉。而且苦荞所含的可溶性膳食纤维和不溶性膳食纤维能降低人胃的食物排空速度，降低人体对碳水化合物的吸收速度，从而起到"肠胃和血液清洁工"的作用。此外，经常食用苦荞，还可起到延缓机体衰老、润泽肌肤的作用。

在所有谷物中，只有荞麦（甜荞、苦荞）含有丰富的生物类黄酮。生物类黄酮是天然的抗氧化剂，是防治慢性病的新宠，并且能促进胰岛细胞的恢复，改善糖耐量，降低血液的黏度。长期食用苦荞能调节人体的血糖、血脂，从而起到双重保健的作用。

苦荞营养丰富,是保健食品的原料。除籽粒经碾磨粉碎供食用外,嫩叶也可当蔬菜食用,具有食疗的作用。目前,国际食品工业正在向合理的平衡膳食方向发展,提倡增加植物性食品的摄入,减少动物性食品的摄入,尤其要限制动物性脂肪的摄入量。因此,苦荞作为一种融营养与保健于一体的功能性食物源,开发前景广阔。近年来,我国积极进行苦荞的综合开发利用,食品专家做了大量的研究工作,研制出了苦荞系列食品,较好地解决了苦荞的口感问题,受到了广大群众特别是糖尿病、心血管疾病患者的欢迎。

第四节　燕　　麦

一、燕麦的概述

燕麦是禾本科燕麦属的草本植物。燕麦一般分为带稃型和裸粒型两大类。世界各地的栽培燕麦以带稃型为主,常称为皮燕麦。其次是东方燕麦、地中海燕麦,绝大多数用于饲养家禽家畜。中国栽培的燕麦以裸粒型为主,常称裸燕麦,其籽实几乎全部可食用。裸燕麦别名较多,华北称之为莜麦,西北称之为玉麦,西南称之为燕麦,也称莜麦,东北称之为铃铛麦。据史书记载,我国燕麦的栽培已有 2 000 多年的历史。

燕麦喜冷凉、湿润的气候条件,是一种长日照、短生育期、要求积温较低的作物,非常适合在我国日照较长、无霜期较短、气温较低的寒冷地区种植。燕麦根系发达,吸收能力较强,比较耐旱,对土壤的要求也不严格,能适应多种不良自然条件,在旱坡、沼泽和盐碱地上也能获得较好的收成。

燕麦起源于我国,远古时代就是我国人民的主粮之一,也是营养价值很高的粮饲兼用作物。燕麦在世界上种植面积仅次于小麦、水稻、玉米,居粮食作物的第五位。燕麦在世界大洲 42 个国家有栽培,在世界八大粮食作物中总产量居第五位。主产国有俄罗斯、加拿大、美国、澳大利亚、德国、芬兰和中国等。全球燕麦产量起伏不定,其中 2019 年和 2021 年收获面积呈现下降态势,2022 年全球燕麦收获面积为 992.3 万顷,同比增长 4.5%,全球燕麦产量为 2 499.8 万吨,同比增长 11.1%[①]。

20 世纪 90 年代中期,我国燕麦的种植面积约为 113.3 万公顷,单产可达 3 750 千克/公顷。目前,我国燕麦主要分布在内蒙古、河北、山西、甘肃、陕西、宁夏、新疆、青海、西藏、云南、贵州、四川、黑龙江、辽宁、吉林等

---

① 资料来源:智研咨询发布的《2022—2028 年中国燕麦行业市场全景评估及未来趋势预测报告》。

省份，其中主产区分布在内蒙古自治区的阴山南北，河北省的阴山、燕山，山西省的太行山区、吕梁地区，甘肃省的定西，播种面积占全国燕麦种植面积的70%以上；其次是六盘山、贺兰山以及大、小凉山，播种面积占全国燕麦种植面积的20%以上。按照自然区域划分为两个主区和4个亚区，即北方春性燕麦区（包括：华北早熟燕麦亚区，北方中、晚熟燕麦亚区）和南方弱冻性燕麦区（包括：西南高山晚熟燕麦亚区，西南平坝晚熟燕麦亚区）。

目前，我国燕麦的品种资源主要有9个种，主要栽培种有2个，即普通栽培燕麦和裸燕麦，年种植面积为100万公顷，其中春性裸燕麦占90%以上，主要分布在内蒙古、山西、河北的高寒地带，占全国燕麦栽培面积的70%以上。受经济、文化、科学技术、品种、生态条件的限制，我国裸燕麦的产量相差悬殊，最高产量可达6 000千克/公顷，而全国常年平均产量在975～1 125千克/公顷。

二、燕麦的营养价值

营养与保健是当代消费者对膳食的基本要求，燕麦作为谷物中最好的全价营养食品，能满足这两方面的需要。美国著名谷物学家罗伯特在第二届国际燕麦会上指出：与其他谷物相比，燕麦具有抗血脂成分、高水溶性胶体、营养平衡的蛋白质，它对提高人类健康水平有着异常重要的价值（刘恩岐等，2001）。

相关研究结果显示，在谷物中，裸燕麦的蛋白质和脂肪含量均居首位（表2-1）（姚岭柏，2008）。特别值得提出的是，燕麦中具有增智与健骨功能的赖氨酸含量是大米和小麦面的2倍以上，防止贫血和毛发脱落的色氨酸也高于大米和小麦面。脂肪含量尤为丰富，并富含不饱和脂肪酸。另据中国农业科学院等单位的分析结果，裸燕麦中的亚油酸含量占脂肪总量的38.1%～52.0%，油酸占不饱和脂肪酸的30%～40%，释放的热量和钙的含量也高于其他粮食，燕麦的可溶性膳食纤维含量特别高，是小麦粉的3.7倍、玉米面的6.7倍。此外，燕麦中磷、铁、维生素B也较丰富。燕麦还含有其他粮食所没有的皂苷等成分。燕麦中的皂苷可与植物纤维结合，吸取胆汁酸，促使肝脏中的胆固醇转变为胆汁酸并随粪便排走，间接降低血清胆固醇，故燕麦有保健食品的誉称。

表 2-1　几种粮食的营养成分比较（每100克可食部分）

营养成分	裸燕麦	小麦粉	粳稻米	玉米面	荞麦面	大麦米	黄米面
蛋白质/克	15.6	9.4	6.7	8.9	10.6	10.5	11.3
脂肪/克	8.8	1.3	0.7	4.4	2.5	2.2	1.1
碳水化合物/克	64.8	74.6	76.8	70.7	68.4	66.3	68.3

（续）

营养成分	裸燕麦	小麦粉	粳稻米	玉米面	荞麦面	大麦米	黄米面
热量/千焦	1 635.91	460.21	443.51	497.91	481.11	389.11	376.5
粗纤维/克	2.1	0.6	0.3	1.5	1.3	6.5	1.0
钙/毫克	69.0	23.0	8.0	31.0	15.0	43.0	
磷/毫克	390.0	133.0	120.0	367.0	180.0	400.0	
铁/毫克	3.8	3.3	2.3	3.5	1.2	4.1	
维生素 B_1/毫克	0.29	0.46	0.22		0.38	0.36	0.20
维生素 B_2/毫克	0.17	0.06	0.06	0.22		0.10	
烟酸/毫克	0.80	2.50	2.80	1.60	4.10	4.80	4.30

三、燕麦的保健功能

燕麦的保健价值是公认的，据古籍记载，裸燕麦可用于治疗产妇催乳、婴儿发育不良、年老体衰等症。近 20 年来，中国、美国、加拿大、日本等国通过人体临床观察、动物实验，进一步证明燕麦具有多种医疗保健作用。

（一）降血脂作用

1985 年，北京市组织 20 家医院对患者进行燕麦疗效的临床对比观察，结果证明燕麦具有明显的降低血清总胆固醇（TC）、甘油三酯（TG）及 β-脂蛋白（β-LP）作用，并具有一定的升高血清高密度脂蛋白胆固醇（HDL-C）作用，降血脂效果非常明显，对继发性高甘油三酯血症的疗效优于原发性。一般认为降脂作用约有一半来自燕麦中含量相当高的不饱和脂肪酸成分作用，另一半来自非脂肪部分的作用，主要是非淀粉多糖的作用。因而燕麦可作为防治动脉粥样硬化、冠心病、脑卒中等主要心血管病的一种理想选择。大量有说服力的数据表明燕麦对控制血脂升高有很强的作用，降低胆固醇的效果更为明显。

（二）对糖尿病的控制

燕麦蛋白质含量高，糖分含量低，是糖尿病患者极好的食物选择。国际上普遍认为增加膳食纤维含量高的燕麦可延续肠道对碳水化合物的吸收，降低餐后血浆葡萄糖水平，有利于糖尿病的控制。中国农业科学院作物科学研究所与北京协和医院曾对燕麦降糖进行研究，选 29 名糖尿病患者，在临床较好控制的基础上进行合理饮食指导，指导前后分别测定患者的空腹血糖和糖基化血红蛋白，结果显示，服用燕麦后两项指标均控制在接近正常值。

（三）防止癌变

根据中国传统医学文献的记载和国际上对抑制肿瘤的研究报道，麦类资源中存在防止癌变物质的可能性。采用单纯食用燕麦的动物进行研究，观察发现动物的肿瘤生长变小，生存期也较长，虽未达到肿瘤抑制率 30％，但生存期延长率达到 50％，即认为具有活性的标准，证明燕麦中存在抑癌物质。至于其中起作用的成分及作用的机理还未见报道，这方面的研究有待进一步深入。

（四）调节肠道菌群

燕麦中的可溶性膳食纤维可增加肠道水分和粪便体积，促进肠胃蠕动，同时能促进有益菌群的增殖，改善肠道环境，在胃肠道内壁形成一层保护性薄膜，起到润滑作用，减少排泄物的滞留时间，阻断和减少代谢毒素在肠道内的再吸收，有利于大肠癌等肠道疾病的早期预防。

（五）控制肥胖症

燕麦中的可溶性膳食纤维与食物一起进入人体后，可溶性膳食纤维大量吸水致使食物膨胀，产生饱腹感，不易饥饿，可防止饮食过量。其中的 β-葡聚糖可减缓血液中葡萄糖含量的增加，对于控制体重、预防肥胖有积极作用。

第五节　黑　米

一、黑米的概述

黑米为禾本科植物，是一类珍奇名贵的稻米品种，有黑色、紫色、红黑双色等类别。黑米可以分为黑糯米和黑黏米两种，我国各地种植条件的差异造成其品种的不同。

中国黑米资源共计 373 个类别，其中黑粳糯 127 种、黑籼糯 109 种、黑粳黏 8 种和黑籼黏 129 种，在世界黑米资源中占 90.8％。黑米种植范围较广，在中国大多数省份有产地，黑粳糯和黑籼糯的主要产区在湖南、湖北、安徽、云南、上海、四川、贵州、广西、江西、陕西等省份，黑籼黏的主要产区在广东、广西等省份。

黑米含有丰富的营养物质，其中花色苷类物质和微量元素尤为丰富。黑米色、香、味俱全，具有很高的营养价值，并具有药用及保健功能。《本草纲目》中记载，黑米具有暖肝强脾、补肾滋阴、活血养目、强身健体等功能。在民间，黑米有"珍贡米""药米"的美誉。

黑米含有多种营养成分，胚芽和种皮是其大部分养分聚集的部位。孙玲等（2000）研究发现，黑米种皮色素中的黄酮类化合物含量和黑米抗氧化能力呈显著的正相关。黑米含有一种溶于水的自然形成的色素，光、热稳定性均较优良，在酸性介质中显现鲜红色，在中性介质中则显现暗紫红色，具有较强的着色能力和较高的色价，适合酒类、饮料、糖果、膨化食品、果冻、糕点和肉食品等的着色。

黑米是一类营养丰富且集多种药用价值于一身的米中珍品，黑米以其特殊的营养成分和特有的药理作用成为当今的研究热门。

二、黑米的营养价值

（一）蛋白质

糙米氨基酸含量为 9.34 克/100 克（3 868 个不同水稻品种的平均值），黑米为 11.28 克/100 克（163 个黑米品种的平均值），最高达 15.11 克/100 克。黑米中赖氨酸的含量是白色大米的 2～2.5 倍。黑米与普通白米相比，氨基酸形式更近似于人体形式，必需氨基酸含量达到 25%，所以黑米蛋白质营养价值更高。

（二）植物脂肪

黑米中植物类脂肪的含量是普通白色大米的 1.9 倍，贵州"黑糯 143"可以达到 4.6%。不饱和脂肪酸、油酸以及亚油酸为植物脂肪主要构成部分，长时间食用，有利于防止心脑血管疾病的发生。

（三）维生素

黑米含有多种维生素，含量是普通白米的 1.5～2.4 倍，维生素 B_1、维生素 B_2 的含量是一般精白米的 1.5～6.8 倍。黑米含有维生素 C、花色素苷、胡萝卜素和叶绿素，这些在普通白米中通常不存在；黑米中的胡萝卜素含量为 0.076 毫克/100 克。

（四）矿物质

黑米所含的矿物质种类多而全面，不仅有人体必需常量元素如磷、钙等，铁、锌、硒、铜、锰、碘、锗等微量元素的含量也比普通白米高很多，铁、锌、磷、钙等的含量是普通白米的 5～7 倍。

（五）植物多酚

花青苷是自然界常见的一种植物多酚，黑米的特征物质就是花青苷。黑米的抗氧化作用的最主要物质基础是花青苷，从属于多共轭芳香体系的花青苷的3环形成共轭体系，有很高的生物活性。

三、黑米的保健功能

（一）清除自由基延缓衰老

黑米、黑大豆、黑芝麻等黑色粮油食品资源清除活性氧自由基的试验结果表明，以上原料每 100 微升 10% 匀浆液对活性氧自由基的清除率为 80.01%～98.49%；100 微升 10% 水提液的清除率为 57.74%～76.98%；陈文等（1996）应用黑黏米酶解液进行白鼠灌胃试验，表明黑米能使小鼠脑单胺氧化酶 B（MAO-B）活性降低 40.68%（$P<0.01$），肝脏的超氧化物歧化酶（SOD）活性和全血的谷胱甘肽（GSH-Px）活性分别增加 10.41%（$P<0.05$）和 10.31%（$P<0.01$），肝脏的脂质过氧化物（LPO）含量下降 25.71%（$P<0.05$），皮肤、尾腱的羟脯氨酸（HYP）含量分别提高 16.41%（$P<0.05$）和 12.10%（$P<0.05$），提示黑米具有延缓衰老功能。

（二）改善营养性贫血

黑米中的"补血素"——铁含量较高，所以一般具有明显的改善营养性贫血的功能。徐飞等（1989）的研究表明，黑米对贫血大鼠血红蛋白的恢复作用明显高于白米（$P<0.01$）；顾德法等（1996）对小白鼠腹腔注射用黑米皮层提取物，结果表明，黑米皮层提取物对经环磷酰胺抑制的小鼠骨髓造血祖细胞有促进增殖、加速造血功能恢复等作用（$P<0.01$）；上海交通大学医学院附属仁济医院用黑米熬粥供妊娠贫血者服用，一疗程（10 天）后，有 63% 的患者血红蛋白和铁含量提高 11%～56%，均证明黑米能有效防治缺铁性贫血，改善人体造血功能。

（三）增强免疫力

黑米及部分产品的动物饲后功能评价试验结果表明，黑米能显著增强机体免疫力。黄玉等（1989）用黑米提取物对白细胞受损的小鼠进行灌胃处理，结果表明，黑米能有效促进小鼠白细胞的增殖。

（四）抗动脉粥样硬化

黑米、红米等经过动物试验确证具有降血脂、抗动脉粥样硬化功能。马静等（1999）用红米饲养大白鼠试验证明，红米可显著提高大鼠血浆高密度脂蛋白水平；陈起萱等（2000）用新西兰大白兔试验证明，黑米和红米可以降低大白兔主动脉脂斑块面积近 50%。王琳琳等（2002）进一步用黑米皮饲养实验家兔试验证实，黑米皮组实验家兔主动脉脂斑块面积显著少于高脂组和白米皮组（$P<0.01$），其中，黑米皮组的主动脉脂斑块面积（5.42%）比高脂组（16.21%）少 66%。由此可知，黑米皮可以抑制高脂诱导的动脉粥样硬化的发生、发展，具有抗动脉粥样硬化的功能。

（五）镇静和改善睡眠

根据李军等（1996）的研究，黑米提取物能明显加强戊巴比妥钠对小鼠的催眠作用，加强对神经中枢的抑制，具有镇静作用，对失眠病人和睡眠较差的老年人有催眠效果等。

第六节　薯　　类

一、薯类的概述

日常膳食中常见的薯类有甘薯、马铃薯、芋头、山药等，其营养价值和保健作用均应受到重视。薯类作物营养丰富，富含淀粉、膳食纤维、维生素及矿物质等，在改善居民膳食营养结构、提高全民健康素质、保障国家粮食安全等方面作出了重要贡献；薯类加工业的发展在促进中国农业的持续增效、农民的持续增收、现代农业的可持续发展中具有不可替代的作用。

目前，中国薯类的种植面积和产量均居世界首位。据联合国粮农组织统计，中国的三大薯类（甘薯、木薯、马铃薯）总产量在全球薯类产量中占 23%，对全球粮食安全和农民增收发挥着重要作用。在三大薯类中，我国是全球甘薯种植面积和产量最大的地区。2000—2013 年，我国甘薯种植面积占世界甘薯种植总面积的 45%，甘薯总产量占世界总产量的 75% 以上，甘薯单产水平是世界单产水平的 1.7 倍。由于甘薯具有高产、耐逆性强等特点，目前甘薯的产业发展已趋于多元化，它不仅是保证国家粮食安全的底线作物和食品加工原料作物，也是潜力巨大的新型可再生能源作物、高产高效保健作物和新兴庭院道旁绿化作物。甘薯在我国的别名很多，有地瓜、山芋、红芋、番薯、红苕、红薯、白薯等。甘薯广泛分布于热带、亚热带和温带地区。甘薯于明万历年间经陆、海多种途径传入我国，最早在广东、福建、云南等省引种，后逐步向长江、黄河流域推广直至北方，迄今已有 400 多年的栽培历史。甘薯是利用薯块及茎叶进行无性繁殖的，具有栽培技术简单、产量高、适应性广、抗旱耐瘠薄性强、营养价值高、用途广等特点，深受农民的喜爱，种植遍布全国。目前，随着我国农业生产的发展和人们食物结构的调整，甘薯已从粮食作物逐步发展为多用途的能源、饲料、食品加工、药用等商品性经济作物，有广阔的利用前景。

马铃薯是世界第四大粮食作物，近年来我国已成为最大的马铃薯生产国，种植面积近 600 万公顷，但马铃薯人均消耗量和单产水平很低。目前国内主栽品种主要引自国外，遗传背景狭窄，缺乏适合我国多样化气候条件和栽培模式的品种，这是我国马铃薯产业发展的瓶颈。马铃薯耐寒、耐旱、耐瘠薄，适应性广，种植容易，属于省水、省肥、省药、省劲儿的"四省"作物。农业农村部积极推动"马铃薯主粮化"战略，为马铃薯的育种提供了新的契机。

芋头又称芋、芋艿，通常食用的为小芋头。多年生块茎植物，常作为一年生作物栽培。叶片盾形，叶柄长而肥大，绿色或紫红色；植株基部形成短缩茎，逐渐累积养分肥大成肉质球茎，称为"芋头"或"母芋"，通常为球形、卵形、椭圆形或块状等。

山药为薯蓣科薯蓣属植物薯蓣的根茎。具有益气养阴、补脾肺肾、固精止带的功效。山药有很多品种，如铁棍山药、麻山药、灵芝山药、小白嘴山药、细毛山药、大和长芋山药、淮山药、水山药、牛腿山药等。不同品种的山药分布地区不同。

二、薯类的营养价值

（一）宏量营养素

薯类与米、面的宏量营养素含量见表 2-2。

表 2-2　薯类与米、面宏量营养素的含量（每 100 克可食部分）

宏量营养素	小麦粉（富强粉）	粳米（特等）	红心甘薯	白心甘薯	马铃薯	芋头	山药
水分/克	12.7	16.2	73.4	72.6	79.8	78.6	84.8
能量/千焦	1 464	1 397	414	435	318	331	234
蛋白质/克	10.3	7.3	1.1	1.4	2.0	2.2	1.9
脂肪/克	1.1	0.4	0.2	0.2	0.2	0.2	0.2

(续)

宏量营养素	小麦粉 (富强粉)	粳米 (特等)	红心甘薯	白心甘薯	马铃薯	芋头	山药
碳水化合物/克	75.2	75.7	24.7	25.2	17.2	18.1	12.4
膳食纤维/克	0.6	0.4	1.6	1.0	0.7	1.0	0.8

1. 低能量、高水分、较多碳水化合物

以100克马铃薯可食部为例，能量仅为76千卡，约为等重量大米的23%；水分含量是79.8%，为等重量大米的5倍，是很好的低能高水分食物。薯类还含有一定量的碳水化合物（主要成分是淀粉，其含量在12.4%～25.2%），所以，薯类被公认为兼有主食和蔬菜特性的天然健康食材。

2. 基本不含脂肪，蛋白质含量低

薯类脂肪含量仅为0.2%，是低脂肪食品。薯类蛋白质含量一般在1.1%～2.2%，是不完全蛋白质；赖氨酸含量丰富，正好补充粮食所缺乏的赖氨酸。

3. 丰富的膳食纤维

薯类的膳食纤维含量较高，在0.7%～1.6%，是大米的1.8～4倍。纤维素可促进饱腹感，防止能量过剩，促进胃肠蠕动，通便防癌，预防心血管疾病、糖尿病和胆石症。

（二）微量营养素

薯类含有多种维生素和矿物质（表2-3），其中就有米、面缺乏的胡萝卜素和维生素C，薯类也是优质的高钾食物来源。每100克红心甘薯的胡萝卜素含量是750微克，可与莴笋叶（880微克/100克）相媲美，比西红柿多（550微克/100克）；每100克马铃薯含维生素C 27毫克，与菠菜（32毫克/100克）接近，高于西红柿（19毫克/100克）；每100克马铃薯和芋头的钾含量分别为342毫克、378毫克，远高于香蕉（256毫克/100克）和苹果（119毫克/100克）。

表2-3 薯类与米、面微量营养素的含量（每100克可食部分）

微量营养素	小麦粉 (富强粉)	粳米 (特等)	红心甘薯	白心甘薯	马铃薯	芋头	山药
胡萝卜素/微克			750	220	30	160	20
维生素 B_1/毫克	0.17	0.08	0.04	0.07	0.08	0.06	0.05
维生素 B_2/毫克	0.06	0.04	0.04	0.04	0.04	0.05	0.02

（续）

微量营养素	小麦粉 （富强粉）	粳米 （特等）	红心甘薯	白心甘薯	马铃薯	芋头	山药
烟酸/毫克	2.0	1.1	0.6	0.6	1.1	0.7	0.3
维生素C/毫克			26	24	27	6	5
叶酸/微克	20.7	6.8	8.3	15.7	9.0	7.8	
钙/毫克	27	24	23	24	8	36	16
镁/毫克	32	25	12	17	23	23	20
钾/毫克	128	58	130	174	342	378	213
钠/毫克	2.7	6.2	28.5	58.2	2.7	33.1	18.6
铁/毫克	2.7	0.9	0.5	0.8	0.8	1.0	0.3
锌/毫克	0.97	1.07	0.15	0.22	0.37	0.49	0.27

胡萝卜素、维生素C具有抗氧化作用，可以提高免疫力，有防止心脏病、癌症和其他慢性疾病发生的作用。此外，胡萝卜素还能预防眼干燥症、角膜溃疡、夜盲症等，促进生长发育。维生素C有防治坏血病、促进三价铁被吸收、加强胆固醇的分解与排出、解毒的作用。

钾有维护进出细胞体液和矿物质的平衡、维持血压稳定、帮助肌肉正常收缩的功能。

综上所述，薯类有明显的营养优势。粮薯混食不但可以降低每日膳食淀粉摄入量，膳食能量随之降低，而且能丰富米、面中蛋白质及氨基酸的组成，膳食纤维、维生素和矿物质摄入量也会得到极大的提高，提升一日膳食的营养质量。同时，薯类具有超强的饱腹作用，较少引起血糖波动，有利于控制体重，帮助预防糖尿病和心脑血管疾病，平稳血压。

三、薯类的保健作用

（一）甘薯的保健作用

甘薯又名红薯、白薯、山芋、地瓜、番薯等，性甘、平，无毒，有健脾胃、养心神、益气力、通乳汁、消疮肿等效用。红心甘薯中胡萝卜素含量高，可治夜盲症。甘薯含有多量的黏液蛋白（一种多糖和蛋白质结合的高分子植物胶体），可增强免疫力，维持血管弹性，防止动脉粥样硬化；甘薯中含有脱氢表雄酮，这种物质有明显的抑癌作用。紫薯除了有普通红薯的营养物质和食疗功效外，还含有丰富的花青素和硒，具有更强的抗氧化、延缓衰老、抗癌等作用。

（二）马铃薯的保健作用

马铃薯别名土豆、洋芋、山药蛋、地蛋、荷兰薯等，性平，味甘，有和胃、补脾、益气、通便、消炎、解毒、消肿等功效，可辅助治疗消化不良、胃肠溃疡引起的腹痛、习惯性便秘和皮肤湿疹等。马铃薯是少有的高钾低钠食物，可降低高血压和中风发病率，是心脏病人的优选保健食材；马铃薯中的黏液蛋白能软化血管，预防心血管疾病的发生；马铃薯具有低能量、高水分等特点，可增强饱腹感，饱腹感指数是全麦产品的 2 倍多，是一种理想的减肥食物；马铃薯中的多酚化合物有抗癌、降血糖、抗氧化等作用。

（三）芋头的保健作用

芋头又称芋艿、芋魁、毛芋等，味甘、辛，性平，能益脾胃，调中益气、软坚散结、化痰和胃，可用于脾胃虚弱、虚劳乏力、瘰疬、肿毒、大便干结、银屑病等症。芋头所含黏液蛋白可预防心血管系统的脂肪沉积，防止动脉粥样硬化；芋头中氟的含量较多，具有洁齿防龋作用；芋头含有多种微量元素，能增强人体免疫功能，适宜结核病、肿瘤患者及处于恢复过程中的病人食用。

（四）山药的保健作用

山药又称淮山药、怀山药、土薯、山薯、玉延等，性平，味甘，具有健脾、补肺、固肾、益精等多种疗效，对口腔溃疡、慢性溃疡性结肠炎、神经衰弱、慢性肾炎、肺结核、小儿腹泻、肾虚遗精、妇女带下及小便频繁等症有一定的疗补作用。山药含有山药多糖，有增强免疫力的功能，还有清除自由基、抗氧化的作用；山药含有淀粉酶、多酚氧化酶等物质，能助脾胃消化吸收；山药含有大量的黏蛋白、维生素及微量元素，能帮助预防心血管疾病；山药中的皂苷有祛痰、脱敏、抗炎、降脂、抗肿瘤等作用；山药能降血糖，可防治糖尿病，是糖尿病人的食疗佳品。

第七节　大　　豆

一、大豆的概述

大豆别名黄豆，黄豆有"豆中之王"之称，被人们叫作"植物肉"，营养价值极高。大豆味甘，性平，有补肾强身、活血利水、解毒的功效，民间有"每天吃豆三钱，何需服药连年"的谚语，意思是每天都吃点大豆，可以有效抵抗疾病。黄豆富含多种营养素，对健康的贡献不可估量。

中国是大豆的故乡，种植历史有 4 000 多年。中国各地均有栽培，亦广泛栽培于世界各地。大豆是中国重要粮食作物之一，古称菽，主产区在东北地区，种子含有丰富植物蛋白质。大豆最常用来做各种豆制品、榨取豆油、酿造酱油和提取蛋白质。豆渣或磨成粗粉的大豆也常用作禽畜饲料。

二、大豆的营养价值

（一）优质蛋白

大豆中的蛋白质含量位居植物性食品原料之首，高达 40％左右，其中有 80％～88％是可溶的，豆制品加工中主要利用的就是这部分蛋白质。组成大豆蛋白的氨基酸有异亮氨酸、亮氨酸、赖氨酸、蛋氨酸等 18 种之多，而且组成蛋白质的氨基酸比例接近人体所需的理想比例，尤其富含赖氨酸，正好补充了禾谷类食物赖氨酸不足的缺陷。在所有植物性食物中，只有大豆蛋白可以和肉、蛋、奶、鱼等动物性食物中的蛋白质相媲美，在营养学上被称为"优质蛋白"，享有"豆中之王""田中之肉""绿色的牛乳"等美誉。

（二）不饱和脂肪酸

大豆中脂肪含量为 20％，其中不饱和脂肪酸占 61％，富含的卵磷脂有助于血管壁上的胆固醇代谢，可预防血管硬化。单不饱和脂肪酸含量为 24％，亚油酸占 52％～60％，亚麻酸占 3％～8％，还含有较多的磷脂。大豆脂肪熔点低，易于消化吸收，对儿童的生长发育、神经活动有着重要的作用。此外，大豆卵磷脂还具有防止肝脏内积存过多脂肪的作用，可预防脂肪肝。

（三）维生素和矿物质

大豆富含维生素，特别是 B 族维生素含量较高。大豆中的脂溶性维生素主要有维生素 A、β-胡萝卜素、维生素 E 等；水溶性维生素有维生素 B_1、维生素 B_2、烟酸、维生素 B_6、泛酸、抗坏血酸等。

大豆中的矿物质也很丰富，矿物质总量占 5％～6％，有 10 余种，包括钾、钠、钙、镁、磷、硫、铁、铜、锌、铝等。每 100 克大豆中含钙 200 毫克左右，是小麦粉的 6 倍、稻米的 15 倍、猪肉的 30 倍。大豆的含钙量与蒸煮大豆（整粒）的硬度有关，钙含量越高，蒸煮大豆越硬。

（四）特殊的营养成分

大豆富含大豆多肽、大豆异黄酮、大豆低聚糖、大豆皂苷、大豆核酸、大豆磷脂等多种特殊营养成分，其中，大豆多肽是一种极具潜力的功能性食品基料；大豆核酸具有增强机体抗病能力的功能，被广泛应用于医疗、食品工业和遗传工程；近年的研究表明，大豆皂苷具有抗高血压和抗肿瘤等功能。

三、大豆的保健功能

大豆味甘，性平，有益脾养中、润燥生津、清热解毒之功效，是夏令消暑清热之佳品。主治疳积泻痢、腹胀羸瘦、妊娠中毒、疮疖肿毒、外伤出血等。大豆富含赖氨酸，可以补充禾谷类食品赖氨酸不足的缺陷。大豆中富含的油酸及亚油酸具有降低胆固醇的作用，对防止血管硬化，预防高血压和冠心病大有益处。

大豆含有丰富的磷脂、胆碱等对神经系统有保健作用的物质以及维生素 E 等抗衰老物质。大豆还含有精氨酸，是精子生成的重要原料。大豆皂苷能防止过氧化脂质生成，延缓机体老化。大豆磷脂对防治老年性痴呆和记忆力减退有特殊功效。多吃大豆还可防治肥胖，增强耐久力。据报道，盛产大豆的地方长寿的人多，所以大豆是老人餐桌上不可缺少的食品，也是值得推荐的保健、长寿食品。

美国的研究人员发现，从大豆渣中可提炼出乙醇汁，经实验室试验，可抑制癌细胞生长。大豆中还含有微量元素硒，它能与细胞内的活性物质一起防止细胞膜受损，能使某些致癌物质的代谢活性下降。据报道，豆腐中含有 5 种能抑制肿瘤细胞生长的物质，豆浆也具有抗癌保健功能。大豆及其制品可以降低乳腺癌、结肠癌、前列腺癌的发病率，是理想的营养型抗癌保健食品。

1. 健脑益智

大豆中富含磷脂，是一种天然营养活性剂，是构建聪明大脑的重要物质。由于人的大脑 20%～30% 由磷脂构成，所以多食富含磷脂的大豆，可增加脑中乙酰胆碱的释放量，从而提高人的记忆力和接受能力。此外，大豆磷脂中含磷脂酰肌醇、甾醇等营养素，可提高神经机能和活力，有较好的保健功能。

2. 防酸效应

大豆磷脂中含有 85%～90% 的磷脂酰胆碱以及磷脂酰乙醇胺、磷脂糖甙等，对人体器官有很好的保健效果。研究成果表明，人体的各组织器官中含有大量磷脂，大豆磷脂可增加组织机能，降低胆固醇，改善脂质代谢，预防和治疗脑动脉、冠状动脉硬化，还有助于肝脏健康，对肝炎、脂肪肝都有一定的疗效。另外，大豆磷脂还能促进脂溶性维生素的吸收。

3. 高效抗癌

大豆皂苷具有抑制肿瘤细胞生长的作用，它可以通过增加 SOD 的含量清除自由基，破坏肿瘤细胞膜的结构或抑制 DNA 的合成。美国纽约大学一位学者通过实验，发现大豆中的蛋白酶抑制素可以抑制皮肤癌、膀胱癌，对乳腺癌的抑制效果可达 50%。另有报告显示，蛋白酶抑制素对结肠癌、肺癌、胰腺癌、口腔癌等亦能发挥抑制功效。实践证明，大豆中的蛋白酶抑制素、肌醇六磷酸酶、植物固醇、皂苷、异黄酮、微量元素硒等物质具有防癌功效。

4. 生理活性与降糖、降脂

大豆皂苷可控制由血小板减少和凝血酶引起的血栓纤维蛋白的形成，具有抗血栓作用。大豆中铁和锌的含量较其他食物高很多，人体补充铁质可以扩张微血管，软化红细胞，保证耳部的血液供应，因此，常吃豆制品有利于预防老年性耳聋。

大豆中含有一种抑制胰酶的物质，对糖尿病有治疗作用。大豆所含的大豆皂苷有明显的降血脂作用，同时，可抑制体重增加，瘦身减肥。

第八节　黑　　豆

一、黑豆的概述

黑豆是大豆的一种，因种子颜色而得名，别名料豆，又叫小黑豆，为一年生草本植物。

黑豆起源于我国，种植历史悠久，《神农本草经》中就有关于种植黑豆的记载。黑豆作为大豆的一个种类，在我国种植的地区较为广泛，但主产区集中在黄土高原区和干旱半干旱地区。黑豆生产面积无单独统计资料，据调查、推测，种植面积约 40 万公顷。总的趋势是发展的，特别是在丘陵山地发展较快，在陕北、晋中、宁夏、甘肃陇东种植面积较大。目前种植的黑豆类型主要包括双青豆、黑皮麦红豆，都是肾形小粒黑豆。

黑豆籽粒中含有 40% 左右的蛋白质和 15% 左右的脂肪，有很大的经济价值。黑豆用途广泛、多样，在国民经济中有重要的意义：它既是一种粮食作物，又是一种油料作物，还可以作为牲畜饲料以及食品和工业原料。与其他大豆类相比较，黑豆有一个突出的特点——具有较高的药用价值。另外，由于黑豆根瘤菌具有固定空气中游离氮素的能力，在作物的轮作制度当中也占有重要的地位。在大田中，黑豆常与高粱、谷子、扁豆或果树进行间作套种，有的利用田间地头或作填闲补种作物种植。

黑豆一般自产自留种，与其他大豆相比较，对其所做的研究较少，特别是在品种改良方面，几乎没有新品种在生产上应用。

二、黑豆的营养价值

黑豆籽粒中含有大量的蛋白质、脂肪及其他对人体有益的营养素。据测定，黑豆含蛋白质 38.6%、脂肪 13.4%、膳食纤维 14.1%、碳水化合物 16.2%、灰分 4.2%；其中，100 克黑豆中含硫胺素 0.13 毫克、核黄素 0.33 毫克、烟酸 2.1 毫克、维生素 E 21 毫克。另外，100 克黑豆中含钾 146 毫克、钠 1.6 毫克、钙 191 毫克、镁 238 毫克、铁 8.9 毫克、锰 3.26 毫克、铜 1.13 毫克、锌 3.86 毫克、磷 386 毫克、硒 15.66 毫克。除此之外，黑豆还含有较多的胡萝卜素及维生素 B_{12}、维生素 B_2 等 B 族维生素。

黑豆的营养价值很高，含有较多人体所必需的氨基酸。据分析，每 1 千克黑豆籽粒中含赖氨酸 21.9 克、蛋氨酸 4.6 克、色氨酸 4.3 克，而每 1 千克玉米中仅含赖氨酸 11.6 克、蛋氨酸 7.6 克、色氨酸 3.2 克。故黑豆的蛋白质可以认为是一种完全蛋白质，可与动物蛋白相媲美。

三、黑豆的保健功能

在我国，人们对黑豆的保健功能有很好的认识，许多地方还把青子叶黑豆称为药黑豆。在中国古代医学中，黑豆具有养血平肝、解表清热、滋养止汗、补肾补阴、活血化瘀之功能。《神农本草经》中写道：大豆黄卷，味甘平。主湿痹、筋摩祛痛，生大豆涂漏。煮汁饮杀鬼毒、止痛。孟诜在《食疗本草》中谓黑大豆主中风脚弱，产后诸疾。若和甘草煮汤饮之，去一切热毒气；煮食之，主心痛、痉挛、膝痛、胀满。李时珍在《本草纲目》中记有：黑豆入肾功多，故能消胀、下气、制风热，活血解毒。

黑豆富含蛋白质和人体必需的氨基酸、维生素、矿物质等，其所含的脂肪酸能防止血清中的胆固醇增加和沉淀，对防治高血压和心血管病有重要作用；从黑豆中提取的卵磷脂、大豆异黄酮和皂苷等活性物质，可预防和治疗心血管疾病、高血压及癌症；所含皂苷有抑制脂肪吸收并促其分解的功能，可预防肥胖病和动脉硬化；近代医学研究表明，黑豆的碳水化合物主要是乳糖、蔗糖与纤维素，淀粉含量极少，是糖尿病患者的理想食品。黑豆还有补阴利尿、祛火活血、消肿解毒、乌发、美容、抗衰老等作用，对贫血、妇科病也有一定的疗效。此外，黑豆乳酸菌发酵食品含有乳酸及活性乳酸菌，具有抑菌杀菌、降低血液胆固醇、增强机体免疫能力、防癌抗癌、促进人体消化、延年益寿等保健功能和疗效作用。

第九节　其他杂粮

一、薏苡

（一）薏苡的概述

薏苡，又名薏苡仁、薏苡米、药玉米、六谷子、川谷、菩提子、草珠子等，古籍上还称解蠡、芑实、赣米、回回米、西番蜀秫，是禾本科薏苡属中的一个栽培变种。

薏苡是我国古老作物之一，栽培历史十分悠久。在距今 6 000 年前的河姆渡遗址就已发现薏米。周代《诗经·周南》中有劳动人民采摘薏苡的记述。建武十七年（41 年），光武帝派马援（伏波将军）南征交趾（今越南），士兵患瘴气病，食用当地和广西的薏米而愈。

我国是薏苡的起源中心之一，其种植分布由南向北迁移扩散，实现高度分化，成为薏苡的世界最大多样性中心。

薏苡分为总苞骨质和总苞壳质两大类，由于种间易杂交，形成一系列栽培品种，栽培品种中又有粳、糯之分。目前，世界上薏苡栽培品种有六大系列，即白壳高秆、白壳矮秆、黑壳高秆、黑壳矮秆、花壳高秆、花壳矮秆。各品种、系列生育期不相同，矮秆早熟，生育期 120 天左右，适宜北方栽培；高秆生育期 170～230 天，主要在南方各省份栽培。

薏苡果实成熟期不一致，如待果实完全成熟时采收，则容易脱落。所以适时收获是丰产保收的重要环节。植株田间下部叶片叶尖变黄，70%～80%的果实呈褐色，掐之种仁无浆时，即可采收。收割时可采用全株收割或分段收割两种收法。全株收割是用镰刀齐地割下，然后捆成小捆立于田间或平置于土埂上，晾 3～4 天再甩打脱粒；分段收割是先割下有果粒的上半部，捆后运回场院，然后脱粒。

脱粒后种子要经 2～3 个晴天晒干，干燥后的种子含水量在 12%左右方可入库储藏。干燥后的薏苡硕果，外有坚硬的总苞，内有红褐色种皮，需用沙辊立式碾米机脱去果壳和种皮，一般需加工 2～3 遍，用风车扬净，才能得到白如珍珠的薏苡仁。

（二）薏苡的营养价值与保健功能

1. 薏苡的营养价值

据测定，薏苡仁的蛋白质、脂肪、维生素 B 及磷、钙、铁、铜、锌等矿质元素的含量均比大米高，如蛋白质含量为 18.8%，是大米的 2 倍；脂肪含量为 6.9%，是大米的 5.8 倍；上述 5 种矿质元素含量平均是大米的 1.5 倍；8 种人体必需的氨基酸含量是大米的 2.3 倍。1994 年，中国农业科学院作物品种资源研究所在北京对薏苡进行测定，28 份供测试的薏苡粗蛋白质平均含量为 17.8%，脂肪平均含量为 6.9%；其中有 5 份野生种，粗蛋白质平均含量达 21.2%，脂肪含量为 6.5%，各种必需氨基酸含量比栽培品种多 41.8%。薏苡油酸、亚油酸含量分别为脂肪酸的 52.1% 和 33.72%，均略高于小麦、大米。

此外，产自山区栽培的品种如山东的"临沂薏苡"、贵州的"紫云川谷"及江苏的"江宁五谷"等，粗蛋白质含量分别为 19.5%、17.9% 和 18.9%，有较大的利用价值。野生型的薏苡粗蛋白质含量平均在 20% 以上，但因出仁率仅有 30% 左右，较难脱壳，利用价值较低。

近年来研究还发现薏苡仁含有许多活性成分，如薏苡仁酯、薏苡素、阿魏酰豆甾醇、薏米多糖等中性葡聚糖等。

2. 薏苡的保健功能

薏苡是历史悠久的粮药兼用作物，早在东汉的《神农本草经》中就有薏苡仁"甘、微寒，久服轻身益气"的记载。现代医学研究表明，薏苡仁含有薏苡素、薏苡仁酯和三萜化合物，以及维生素 B_1、维生素 E 和 β-谷甾醇等有效成分。薏苡素有解热镇痛和降低血压的作用；薏苡仁油浓度低时对呼吸、心脏、横纹肌和平滑肌有兴奋作用，浓度高时则有抑制作用，可显著扩大肺血管，改善肺脏的血液循环；β-谷甾醇有降低胆固醇、止咳、抗炎作用，以及直接或间接的防癌和抗癌作用。现今中医常用薏苡主治水肿、脚气、小便不利、湿痹拘挛、脾虚泄泻、肺痈及胃癌、直肠癌等病症，还用于肠炎、肝炎、阑尾炎、皮炎、湿疹、高血压等病的辅助治疗，药用范围十分广泛；薏苡的根含脂肪油、脂肪酸、蛋白质、薏苡内酯及豆固醇等，有清热利湿、健脾杀虫作用；叶含生物碱，有暖胃益血气功效。

现代研究证明，薏苡仁提取物阿魏酰豆甾醇和阿魏菜籽甾酸是具有促进排卵作用的活性物质；薏苡仁乙醇提取物可抑制艾氏腹水肿，丙酮提取物有抑制腹水肿肝癌的作用。我国学者的研究还证明，薏苡仁水提取物中的中性葡聚糖混合物及酸性多糖均有抗体活性。薏苡仁中所含的薏苡仁酯、薏苡素、甾体化合物、β-豆甾醇和 γ-谷甾醇、微量的 α-谷甾醇和硬脂酸等对子宫癌、直肠癌、乳腺癌有抑制作用。

近年来对薏苡仁药理研究表明，薏苡仁还有如下功效：可促进新陈代谢，久服可使皮肤的润滑光泽，防止皮肤干燥和鱼鳞状皮肤的发生；有祛除溃疡组织的作用，可阻止癌细胞的增殖和转移；是消痞的特效药，对雀斑也有显著的疗效；此外，对胃病、糖尿病、前列腺肥大等疾病也有一定的辅助治疗作用。

薏苡仁营养丰富、药效明显，许多国家重视薏苡仁的开发利用。我国西汉时期就有"禹母修已吞薏苡而生禹"的传说。《逸周书·王会》有"秤苡者，其实如李，食之宜子"的记录，秤苡就是现在的薏苡，意为怀孕妇女食用薏苡有利于胎儿的健康发育。《本草纲目》中提到薏苡仁"其米白色如糯米，可作粥饭及磨面食，亦可同米酿酒"，《齐民要术》中也肯定其"米益人心脾，尤宜老、病、孕、产。合糯米为粥，味至美"，所以我国名产八宝粥以薏苡仁为重要原料。20 世纪 70 年代以来，国内各地开发了许多保健食品，如薏苡仁乳精、薏苡仁粉、糕点、饼干、饮料、保健酒等。广西农业科学院还以薏苡仁和黑米为主料，配以中药酿制成保健药酒，酒呈紫红色，醇香，氨基酸含量是黑糯米酒的 3～4 倍，是延年益寿、保健滋补的极品。

二、糜子

（一）糜子的概述

糜子为禾本科黍属作物，又称黍、稷、穄等。在我国古代农业中，糜子有其重要的地位，历代史书、著名古农书、古医书、诗词、地方志、农家俚语中都有关于糜子的记载，如分布区域、粳糯类型、栽培品种、栽培技术、习惯叫法、食糜子的称谓、食用方法及用途等，数千年来基本稳定不变，但地域性很强。糜是我国糜子的主要作物称谓，在我国糜子生产中占主要地位。陕西、甘肃、宁夏、内蒙古一般称为糜子。宁夏把粳性和糯性的统称为糜子，其中，糯性的称为软糜子，粳性的称为硬糜子，几乎没有称为黍子和穄子的习惯。黍的称谓区域主要在华北某些地区和山东、河南，而河北中南部、山东、河南现已不是糜子主产区；稷的称谓区域主要在山东、河南和河北南部，在历史上曾广泛使用，但现在这些地区已很少种植糜子。

我国糜子栽培历史悠久，分布地域辽阔，全国各省份几乎都有糜子种植。糜子耐旱，是干旱半干旱地区的主要栽培作物。我国无霜期短、降水集中、年降水量少的西北和华北地区的广大旱作农业区一般都是糜子生产区。这些地区糜子的丰歉，不仅影响人民群众生活，也直接影响畜牧业的发展。

糜子生育期短、生长迅速，是理想的复种作物。在一些小麦产区，麦收后因无霜期较短、热量不足，不能复种玉米等大宗作物，一般复种生育期短、产量较高的糜子。复种糜子收获后不影响冬小麦的播种。

糜子是救灾备荒作物。在遭受旱、涝、雹灾害之后，利用其他作物不能够利用的水热资源，补种、抢种糜子，可取得较好收成。1962 年受干旱影响，全国糜子种植面积大大增加，其中内蒙古达 68.8 万公顷，陕西达 29.1 万公顷。

糜子籽粒脱壳后称为黄米或糜米，其中糯性黄米又称软黄米或大黄米。加工黄米蜕下的皮壳称为糜糠，茎秆、叶穗称为糜草。自古以来糜子不仅是我国北方人民的主要食物，也是北方家畜、家禽的主要饲草和饲料。

糜子在我国粮食生产中虽属小宗作物，但在内蒙古、陕西、甘肃、宁夏、山西省等省份具有明显的地区优势和生产优势。特别在北方干旱半干旱地区，从农业到畜牧业，从食用到加工出口，从自然资源利用到发展地方经济，糜子都占有非常重要的地位。

（二）糜子的营养价值与保健功能

1. 糜子的营养价值

糜子中蛋白质含量相当高，特别是糯性品种的蛋白质含量一般在 13.6% 左右，最高可达 17.9%。从蛋白质组分来说，糜子所含的蛋白质主要是清蛋白，平均占蛋白质总量的 14.73%；其次为谷蛋白和球蛋白，分别占蛋白质总量的 12.39% 和 5.05%；醇溶蛋白含量最低，仅占 2.56%；另外，还有 60% 以上的剩余蛋白。与小麦籽粒蛋白质相比较，二者差异较大。小麦籽粒蛋白中醇溶蛋白和谷蛋白含量较高，黏性强，不易消化。糜子蛋白主要是水溶性清蛋白、盐溶性球蛋白，这类蛋白黏性差，易消化，近似于豆类蛋白。

不同地区、不同品种及不同栽培条件下的糜子籽粒中淀粉含量差异较大，在 43.02%~70.50%，平均含量为 59.27%。根据糜子籽粒的直链淀粉及支链淀粉相对含量，可将糜子分为粳、糯两类，其中糯性品种淀粉含量为 67.6%，粳性品种淀粉含量为 72.5%。糜子粳性品种中直链淀粉含量为淀粉总量的 4.5%~12.7%，平均为 7.5%；糯性品种中直链淀粉含量很低，仅为淀粉总量的 0.3%，优质的糯性品种不含直链淀粉。

糜子中脂肪含量比较高，在 3.03%~5.45%，平均为 4.40%，高于小麦粉和大米的含量。糜子脂肪中含有多种脂肪酸，酸指数和氢氧基指数较高，说明含有较多短链脂肪酸。

糜子籽粒中常量元素钙、镁、磷及微量元素铁、锌、铜的含量均高于小麦、大米和玉米。籽粒中镁的含量为 116 毫克/100 克，钙的含量为 30 毫克/100 克，铁的含量为 5.7 毫克/100 克。糜子经过加工，可制成老人、儿童和病患的营养食品，在其他食品中添加糜子面可提高营养价值。

糜子籽粒中食用纤维素的含量在 4% 左右，高于小麦和大米。食用纤维素被营养学家誉为神奇的营养素，是膳食中不可缺少的成分。纤维素具有润肠通便、降血压、降血脂、降胆固醇、调节血糖、解毒抗癌、防胆结石、健美减肥等重要生理功能，它还能稀释胃肠里食物中的药物、食品中的添加剂以及一些有毒物质，缩短肠内物质通过的时间，降低结肠内压，减少肠内有害物质与肠壁的接触时间，降低肠内憩室及肿瘤的发病率。一方面，纤维素能使粪便提前

1/3～1/5 的时间排出体外，减少人体对随饮食进入消化道内的霉菌素及高致癌物亚硝铵的吸收，另一方面，纤维素能与饱和脂肪结合，防止血浆胆固醇的形成，从而减少胆固醇沉在血管内壁的数量，有利于防治冠心病。

2. 糜子的保健功能

糜子不仅具有很高的营养价值，还有一定的药用价值，是我国传统的中草药之一。《黄帝内经》《本草纲目》等书中都有记述。糜子味甘、性平、微寒、无毒。《名医别录》记载：稷米入脾、胃经，和中益气、凉血解暑，主治气虚乏力、中暑、头晕、口渴等症。煮熟和研末食用，主治脾胃虚弱、肺虚咳嗽、呃逆烦渴、泄泻、胃痛、小儿鹅口疮、烫伤等症。

糜子光滑、无毒，具有冬暖夏凉、松软、流动支撑不下陷、透气功能好等特点。糜子垫有按摩作用，可舒筋活络，预防毛细血管脆弱所诱发的出血症，促进皮肤的血液循环，减少褥疮的发生，经济实惠，具有很好的推广价值。

糜子有滑润散结之功，且取材方便，价格低廉，服用简单，无毒副作用，治疗急性乳腺炎的效果好，疗效佳，值得推广应用。

三、藜麦

（一）藜麦概述

藜麦，苋科藜属双子叶假谷物，原产于南美洲安第斯山脉地区，在当地已有 7 000 年的种植历史，是印加土著居民的主要传统食物。藜麦籽粒呈扁圆形，大小和小米相近，有多种颜色。

藜麦总共有 3 000 多个品种，不同藜麦品种适应不同地区的生长条件，主要种植地分布在南美洲的玻利维亚、秘鲁、厄瓜多尔；北美地区的藜麦种植已经有一定规模；欧洲、非洲、亚洲各地的潜在种植国也进行了试验性种植。我国藜麦种植可追溯到 20 世纪 90 年代，最初在西藏进行试种。

2012 年，我国山西省静乐县成功引种藜麦，静乐县藜麦种植面积达到 1 300 亩，总产量 23.4 万千克，平均 180 千克/亩，最高亩产量达到 302 千克，种植面积位列非原产地国家第二位，仅次于美国（肖正春等，2014）。

藜麦籽粒中含有丰富的蛋白质、类胡萝卜素和维生素 C，其蛋白质中的氨基酸组成均衡，赖氨酸（5.1%～6.4%）和蛋氨酸（0.4%～1.0%）含量较高；藜麦籽实的灰分含量（3.4%）高于水稻（0.5%）、小麦（1.8%）及其他传统禾谷类作物，而且籽实中富含大量矿质营养，如钙、铁、锌、铜和锰，其中钙（874 毫克/千克）和铁（81 毫克/千克）含量明显高于大多数常见谷物，因而藜麦被国际营养学家称为"营养黄金""超级谷物""未来食品"。联合国粮农组织认为藜麦是唯一一种可满足人体基本营养需求的单体植物，并正式推荐藜麦为适宜人类的全营养食品。此外，藜麦具有耐寒、耐旱、耐瘠薄、耐盐碱等生理特点，对未来农业系统的发展具有十分重要的意义。

（二）藜麦的营养价值与保健功能

1. 藜麦的营养价值

（1）蛋白质

藜麦因富含优质完全蛋白质而受到人们的关注。甜藜麦和苦藜麦蛋白质含量分别为 14.8% 和 15.7%，高于大麦（11%）、水稻（7.5%）和玉米（13.4%），与小麦（15.4%）相当。藜麦籽粒中的蛋白质不仅含量非常丰富，而且溶解性好，容易被人体吸收利用。

藜麦的蛋白质主要由白蛋白和球蛋白组成（占总蛋白质的 44%～77%），醇溶谷蛋白和谷蛋白含量较低。藜麦蛋白中球蛋白含量较高，故起泡性较低。藜麦白蛋白和球蛋白分子结构的研究结果表明，两种蛋白在二硫键的作用下都具有较好的稳定性。对藜麦进行加工可以提高蛋白质功效值。

（2）氨基酸

藜麦中氨基酸组成比例接近人体的氨基酸，赖氨酸、组氨酸、蛋氨酸含量较多。藜麦含有人体生长所必需的 8 种氨基酸，且苯丙氨酸和赖氨酸（第一限制性氨基酸）的含量比一般的谷物高。藜麦的氨基酸含量在开花期变化显著，籽粒成熟时，精氨酸、谷氨酸、甘氨酸含量逐渐增加，冬氨酸、丝氨酸等含量降低。

（3）淀粉

淀粉是生物大分子物质，其颗粒有不同的类型和大小。藜麦淀粉颗粒直径为 1～1.5 微米，小于小麦（0.7～39.2 微米）、水稻（0.5～3.9 微米）、大麦（1.0～39.2 微米）和玉米（1.0～7.7 微米），较小的藜麦淀粉颗粒可用于生产能被生物降解的聚合物填充材料。藜麦淀粉形态与小麦淀粉相似，主要由直链淀粉和支链淀粉组成，最长的淀粉链是支链淀粉链，支链淀粉链长短不一，在 4 600～161 000 个葡萄糖单元，平均由 70 000 个葡萄糖单元组成。

研究人员对 5 种藜麦的淀粉颗粒进行 X 射线透视，发现藜麦的直链淀粉和支链淀粉的最大吸收波长分别为 648 纳米和 650 纳米，其在 680 纳米波长处的蓝光值分别为 0.998 和 1.101。虽然藜麦淀粉的膨化能力与小麦相似，但冻融稳定性比小麦高很多；另外，淀粉糊化的起始温度和最高温度比大麦低。

（4）脂肪

藜麦籽粒中的脂肪含量在 50～72 毫克/克，是玉米的 2 倍左右，大部分集中在籽粒中，其组成与玉米相似。其中甘油三酸酯占 50% 以上，甘油二酸酯遍布整个籽粒，占中性脂类含量的 20％，而溶血磷脂酰胆碱占 57％。藜麦油脂中富含的不饱和脂肪酸多为 $\omega-3$ 和 $\omega-6$。$\omega-3$ 和 $\omega-6$ 不饱和脂肪酸大部分含有碳碳双键，包括亚油酸、亚麻酸、花生四烯酸，都是人体必需的脂肪酸。亚油酸可被代谢为花生四烯酸，亚麻酸可被代谢为二十碳五烯酸（eicosapentaenoic acid，EPA）和二十二碳六烯酸（docosahexaenoic acid，DHA）。EPA 和 DHA 对防治血栓、动脉粥样硬化，增强免疫、抗炎功能等有重要作用。藜麦油脂中富含不饱和脂肪酸，属于高品质油类原料，其油脂肪酸组成与玉米、大豆油相似。目前，藜麦已作为具有潜在价值的油料作物被加以应用。

（5）矿物质

藜麦中富含锰、铁、镁、钙、钾、硒、铜、磷、锌等多种矿物质，其矿物质含量高于一般的谷物，是小麦的 2 倍，水稻、玉米的 5 倍，尤其是钙、钾、磷和镁含量较高，因此，摄食藜麦可以促进牙齿、骨骼的发育。藜麦籽粒中铁元素含量丰富，能够预防和治疗缺铁性贫血的发生。美国国家科学院 2004 年公布的数据显示，100 克藜麦籽粒中所含的铁、铜、镁和锰可以满足婴儿和成人每天对矿质元素的需要，100 克藜麦籽粒中磷和锌的量足以满足儿童每日需求。藜麦籽粒中矿物质含量与品种、土壤类型、光照强度和成熟度等有关。

（6）维生素

藜麦含有丰富的维生素 B_1、维生素 B_2、维生素 C、维生素 E 和叶酸，是良好的维生素原料。藜麦籽粒中维生素 E 含量为 5.37 毫克/克，高于水稻、小麦和大麦中的维生素 E 含量。每 100 克藜麦籽粒中的维生素 B_1 可以满足儿童每日所需量的 80％，每 100g 藜麦籽粒中的维生素 B_2 可以满足儿童每日所需量的 80％及成人所需量的 40％。藜麦籽粒中的叶酸含量大约为 184 微克/克，是荞麦的 6 倍左右。

2. 藜麦的保健功能

藜麦是一种低脂、低升糖、低淀粉的食物。规律地食用藜麦不仅可预防 Ⅱ 型糖尿病的发生，还具有减肥作用。藜麦中含有丰富的铁、锰、锌、铁、钙、钾、硒、铜、磷等矿物质，这些元素作为葡萄糖代谢关键酶的抑制剂或激活剂，可调节人体的血糖。藜麦中丰富的异黄酮和维生素 E 有助于血液循环、软化血管，促进糖、脂代谢和胰岛素分泌，降低血糖水平。

藜麦总膳食纤维含量为 13.4％，其中 11.0％为不溶性膳食纤维，2.4％为可溶性膳食纤维。这两种纤维素对调节血糖水平、降低胆固醇含量和保护心脏有非常重要的作用。煮熟的藜麦籽粒体积增大，而且藜麦富含的膳食纤维吸水能力强，摄食后具有饱腹感，可以减少进食量，有助于减肥。

第三章　杂粮深加工及其发展

近些年，杂粮加工业发展步伐加快，初加工与精深加工同时发展，个体经营和大企业经营同时发展，杂粮产品的流通愈加快速，群众的消费量也在逐渐增加。

第一节　杂粮加工方式

杂粮加工是指根据杂粮的用途，将杂粮制成半成品或成品的过程，根据加工程度分为初加工和深加工。初加工是指杂粮的加工过程简单、加工程度浅、步骤少的加工，加工之后的产品与原料相比而言，营养成分、理化性质、生物活性成分等变化小，加工工序主要包括清洗去杂、筛选、分级、去皮、干燥、抛光等。深加工是指过程复杂、加工程度深、步骤烦琐的加工，经过烦琐的加工工序，原料的营养成分损失或分割很细，理化特性变化较大，生物活性成分损失较大，是按照需要进行重新搭配的多层次加工过程，深加工主要包括功能性物质和生物活性成分的萃取、分离以及提纯等加工技术。

一、物理加工法

（一）细粉碎技术

杂粮主食品的生产离不开配合粉的制取，配合粉中各组分的制取离不开对杂粮籽粒的微细粉碎。所以微细粉碎是杂粮精深加工的一个难点和重点，是保证产品质量、决定产品数量的关键环节，是生产线上游工作量最大、最重要的工序。

粉碎是利用机械力克服物料颗粒内部凝聚力而将其分裂的一种工艺。根据物料受力情况的不同，粉碎可分为击碎、磨碎、压碎和锯切 4 种方法。

1. 击碎

击碎是利用安装在粉碎室内的高速运转的工作部件（如锤片、冲击锤、磨块、齿）对物料进行打击碰撞，依靠工作部件对物料的冲击力使物料颗粒碎裂的方法，是一种无支撑粉碎方式。其优点是适用性好、生产率高，可以达到较细的产品粒度，且产品粒度比较均匀；缺点是对工作部件的速度要求较高，能量浪费较大。爪式粉碎机、锤片粉碎机就是利用这种原理工作的。

2. 磨碎

磨碎是利用两个表面刻有齿槽的坚硬磨盘对物料进行切削和摩擦而使物料破碎的方法。这种方法主要是靠磨盘的正压力和两个磨盘进行相对运动的摩擦力作用于物料颗粒而达到目的。这种方法适用于加工干燥且不含油的物料，可根据需要将物料颗粒磨成各种粒度的产品，产品升温较高。利用这种方法进行工作的机器有钢磨。钢磨制造成本低，工作时所需动力较小，单位能耗的产量大，但加工的成品含铁量偏高。

3. 压碎

压碎是利用两个表面光滑的以相同转速进行相对转动的压辊，对夹在两个压辊之间的物料颗粒进行挤压而使其破碎的方法。这种方法依靠的主要是两个压辊对物料颗粒的正压力和摩擦力，不能充分粉碎物料，主要用于物料的压片处理。

4. 锯切

锯切是利用两个表面有齿的以不同转速进行相对转动的压辊，对物料进行锯切而使其碎裂的方法。锯切特别适用于粉碎谷物，可以获得不同粒度的成品，而且粉末量较少，但不适用于加工含油物料或含水量大于18%的物料。

上述粉碎方法在实际粉碎过程中很少单独使用，往往是几种粉碎方法联合作用。对于具体粉碎某种物料而言，正确选择粉碎方法对提高粉碎效率、节约能耗、改善产品质量等具有非常重要的意义。

众所周知，小麦制粉工艺经长期实践已很成熟，它是用压碎的方式，即大量采用压辊磨粉机制粉，而杂粮很难采用这类设备，因为籽粒坚硬，无法压碎，只能压成粗粉。磨碎设备如钢碟磨、锥式磨等含铁量过高，升温过高，产量较低，局限性大，用于加工主食很不实用。实际生产中锯切应用很少，因为难以大量制成细粉。如采用一般的锤片式、齿爪式等击碎设备，总不免遇到效率低、产量小、能耗高、粉尘大等问题，也不适用于工业大生产。

食用杂粮的传统加工方法一般是制成40~60目的粗粉，制作各类初加工制品很少大量使用100目以上的细粉。除手工作坊外，要形成工业性大生产，特别是要制成100目以上的细粉，困难更多，因而各类杂粮的粉碎问题一直没有得到有效的解决。但是要发展杂粮精深加工，首先要解决细粉碎问题，要有适当的制粉工艺和设备。细粉碎的突出优点是具有大的比表面积和孔隙率，这一特征给食品带来很好的溶解性、很强的吸附性和多方面的活性等系列理化特性。细粉碎的好处在于可以使食物中那些人体不可缺少而又较难吸收的营养充分进入身体，从而最大限度地提高食品的生物利用度和保健功效，这一点对杂粮加工来说更具重要意义。

（二）高压、高温工艺

杂粮营养丰富，风味独特，深受群众喜爱，但由于有的杂粮存在一些固有的质地和气味，有人会感到口感欠佳，不乐意接受，期盼通过简单加工（这类加工营养流失少）得到品质改良的食品。杂粮加工中如采用高压高温工艺，可以获得理想的效果，处理后的制品口味纯正、焦香，口感软糯，食用品质大为改变。如用玉米常压制作的速食米、方便面（非油炸）总有一些使人不愉快的气味，口感也欠佳，经高压、高温处理后情况就大不一样了，软糯和焦香成为事实，人们也乐于接受了。

高压、高温条件下，物料理化特性会发生很大变化：一是黏性增加，口感软糯；二是焦香可口，别具风味。发生这些变化主要有两个原因。

1. 直链淀粉的转化

高温能使淀粉糊转化，淀粉粒内的直链淀粉在高压、高温的影响下分子振动，可以形成更多的分子缔合。应用电位滴定方法检查，发现直链淀粉显著减少，有人假定这是直链淀粉分子间发生交联成为支链的缘故。这样的淀粉，水溶性及黏度均会增大。例如，用高压锅做的米饭黏性好，食味也好一些，这也可能是在一定高温、高压的情况下，直链淀粉转化为支链淀粉的缘故。

2. 物料的美拉德反应

淀粉是物料的主要成分之一。在高温条件下，淀粉粒遇热糊化，同时在淀粉酶的作用下，把少部分的淀粉水解成糊精和麦芽糖。高温使物料中的蛋白质在蛋白酶的作用下分解成少量的朊、胨、多肽、肽、氨基酸等。这些含氮物质与物料中的糖在高温作用下发生美拉德反应，使制品产生焦香的特有风味。这些特有风味是由各种羰基化合物形成的，其中醛类起着主要作用，是风味的主体。

（三）膨化加工技术

20 世纪 30 年代，食品挤压机诞生，膨化食品随之出现。一台小小的挤压机可以代替体积庞大的传统蒸煮设备，这种情况就如半导体代替庞大的电子管一样，成为食品工业的一次"革命"，所以有专家预测，不久的将来，人类食品的 50% 以上都将用挤压机加工。目前，螺杆挤压机被广泛用于新的食品品种的生产。

我国是生产膨化食品较早的国家。近 20 年来，国际上挤压技术发展很快，

利用螺杆挤压技术生产的食品已非常普及，我国在这方面相对落后。为改变这
种落后面貌，我国食品行业、大专院校和一些研究院所积极投入人力、物力对
挤压技术进行研究开发。

挤压式膨化是借助螺杆挤压机的螺杆的推动力，将物料向前挤压，物料在
混合、搅拌和摩擦以及高剪切力的作用下获得和积累能量，达到高温高压后膨
化的过程。膨化加工技术在食品加工中应用得比较广泛，杂粮经膨化加工之
后，淀粉具有较强的吸水性，且膨化后的淀粉可增强物料的黏性，具有使最终
产品膨胀和黏合的双重作用。

（四）水磨、湿磨加工技术

水磨粉、湿磨粉是相对于干磨粉而言的。干磨粉指各类纯净籽粒直接磨成
细粉，即将干燥米粒磨成干粉，这是一种普通的、常用的磨粉方式。水磨、湿
磨加工是一项传统工艺，在我国有悠久的历史。水磨粉、湿磨粉的生产过程大
致是这样：杂粮纯净籽粒在清洁水中捞洗一遍，接着用清水浸泡、渗透过心沥
干，然后带水磨成粉浆。带水的方式是滴水加入，加水量以粉浆得以流动为
度，为干物总重的4%～5%。将粉浆干燥后粉碎即得水磨粉成品。湿磨粉的
加工与水磨粉基本相同，不同之处在于快速捞洗后加水浸泡，浸泡水要计量加
入，以全部吸干为好，沥干后进行粉体水分调质，使水分均匀一致地渗透籽
粒，其办法是用湿布或塑料膜将粉体表面完整覆盖，堆放一定时间，水分调质
完成后，用粉碎机将湿米粉碎成湿粉，即得湿磨粉半成品。两者的区别在于：
水磨粉是磨浆制粉，磨浆时要加水，再经干燥、粉碎而得成品，少量营养物质
会随水流失；湿磨粉是纯净米粒计量加入浸泡水，不存在营养物质流失现象。
在对产品品质有特殊要求，需要保留全部营养成分和功能因子时，或者在需要
严格防止废水污染环境的条件下，可采用湿磨工艺。湿磨粉是一种中间产品、
半成品，不像水磨粉，消费者既可将其作为汤圆粉直接使用，也可作为加工原
料。湿磨粉不宜储存，只有在下一道工序需要使用时才能安排生产。湿磨粉作
为生产过程中的半成品，一般不考虑干燥处理，可制成干粉长期储存。

水磨粉、湿磨粉之所以能具备诸多优良食用品质，是因为籽粒结构在水的
作用下发生了变化，使其产生了新的理化特性。杂粮籽粒细胞组织坚硬、结构
牢固，淀粉颗粒与蛋白质分子之间联系紧密及蛋白质的结晶型结构等因素，使
杂粮食用品质差、食用方法单一、制品种类不多，杂粮籽粒经水充分浸泡膨
胀，组织结构会发生一系列化学变化和物理变化，原有组织被软化分解，原有
结构被破坏。水分渗透解除了蛋白质分子间的聚集，分散了全部或大部分蛋白
质网，破坏了蛋白质原有的结晶型结构，膨胀成为凝胶体，并把一部分处于不
溶解状态的蛋白质转化成溶解状态，淀粉的联结键断裂。原来淀粉与蛋白质结

合得比较牢固，淀粉颗粒被蛋白膜紧紧包围着，水分的渗透大大削弱了它们之间的联系。上述改变为淀粉、蛋白质的重新组合和产生新的组织结构提供了必要前提，赋予杂粮新的食用品质。

（五）冷冻技术

近几年冷冻工艺在食品加工中的应用发展较快，冻结工艺在杂粮主食品生产中用得较多，发挥着重要作用。冻结工艺形成网络结构的机理可从两方面加以介绍。

一是利用冻结使物料理化性质发生变化而获得的新的加工品质。冷冻使蛋白质变性，形成空隙网络结构，其原理是在冷冻过程中，水先结冰，形成冰核，随着冷冻时间的加长，冰核周围的自由水先向冰核集中，冰核逐渐增大后变成冰晶，溶质中的部分水随后也向冰晶聚集。冷冻一段时间后，溶质的浓度升高，分子结构重新排列，理化特性发生变化，最终形成具有微孔特征的网络结构。冷冻温度的高低直接影响着空隙网络结构的形成。冷冻速率过快，易产生裂缝或凸凹不平等；冷冻速率过慢，冰晶颗粒大，网络结构松散。冻结后需进行干燥，使水分蒸发；如干燥条件选择不适宜，将导致产品质量下降。干燥初期温度宜略高，使物料结构相对固定，然后逐渐降低温度，使内部水分蒸发。为了提高干燥效率，在干燥之前往往增加脱水单元操作，选择适当的风速和风量，以提高干燥速率。

二是利用冻结时物料水分体积膨胀的特性，使其形成微细孔和网络结构，从而提高复水性，达到食用方便的目的。在杂粮方便主食品生产中，较多需要用到冻结工艺，例如制作冻结粉（生产面包、饼干的原料）。在非油炸方便面、方便米粉（面条）、速食米生产中，都应采用冷冻加工方法。人们感到有的方便食品食用并不方便，复水时间过长（如非油炸方便面、速食米等），这个问题在很长时间内没有得到解决。又用小麦粉制作的烘焙食品（面包、饼干）松软酥脆，别有风味，可是大米、玉米等谷类用常规工艺就无法做成，即使做出来了，质地也异常坚硬无法食用。后来发现，只要经过冻结工艺处理，就可以解决这两个难题。

二、化学加工法

（一）十二烯基琥珀酸淀粉酯改性

十二烯基琥珀酸淀粉酯是一种经过酯化的淀粉，以淀粉或一些含丰富淀粉的食物为原料，经过十二烯基丁二酸酐酯化而得。也就是说，它是一种具有乳化能力的变性淀粉，可以在食品、纺织和制药工业中作为乳化剂、增稠剂和微胶囊的壁材被广泛使用。淀粉经过十二烯基琥珀酸淀粉酯改性之后，被赋予亲水性和疏水性两重性，提高了品质和加工性能，从而更加适宜加工。高直淀粉具有较高的热稳定性，但是乳化性能和糊液状性能较差。羟丙基醚化基团与十二烯基琥珀酸基团能对高直淀粉进行复合改性，使其在具有热稳定性的同时，又具有很好的乳化性能和糊液状性能，有效改善高直淀粉的品质。

（二）酸法改性

酸法改性也是杂粮淀粉改性的一种方法，在制作玉米粉的过程中，乳酸菌发酵产酸能够改变玉米的一些性质，可以提高玉米的可加工性，改善玉米的风味。乳酸菌在发酵过程中降低了玉米的灰分、可溶性糖以及脂肪含量，使蛋白质、淀粉含量的占比有所提高。特别是直链淀粉的含量增加，有利于玉米在杂粮加工中的运用。

三、生物加工法

杂粮发酵类食品在加工方面依靠两个方面的能力，一是要形成足够的产气力，即产生二氧化碳的能力；二是要形成足够的持气力，即保持二氧化碳的能力。

产气力主要依靠淀粉酶的数量和活力。淀粉酶广泛存在于动、植物体中，属水解酶类，是水解淀粉类物质的一类酶的总称，包括 α-淀粉酶和 β-淀粉酶两类。淀粉酶能水解淀粉分子，使直链淀粉降解为麦芽糖和葡萄糖，支链淀粉降解为糊精，从而加快酵母发酵的速度，它对改善面包风味、增进面包的色泽及面包的焙烤性能起到重要作用。淀粉酶使淀粉水解成麦芽糖，麦芽糖水解成葡萄糖，可供酵母生长繁殖所用。而 α-淀粉酶能使淀粉迅速形成无色糊精。一般杂粮谷类比较缺乏这种淀粉酶，如果不进行添加补充，这类原料粉酵母就不可能生长繁殖，也就是说它不具备产气能力，而薯类、豆类的淀粉酶较为丰富，促进发酵的效果十分明显，被称为天然发酵素，所以馒头、面包类原料粉中可添加薯全粉、薯类淀粉或活性大豆粉，这样形成的产气力不比优质面粉逊色。需注意的是，要利用大豆粉中的活性淀粉酶，就要使用未经长时间蒸制或烘烤的熟化了的大豆粉，同样，薯全粉亦不能使用 α-化薯粉。

持气力主要依靠凝胶形成的致密的网络结构。杂粮与小麦不同，籽粒中没有面筋质，无法形成面筋网络结构以保持二氧化碳气体。除了上述的添加薯类、豆类使其具有一定的成膜功能外，还可采取以下 6 条措施，使杂粮发酵类制品在具有产气能力的同时具有持气能力：一是添加杂粮膨化粉，利用它的水溶性和粘连性；二是添加活性面筋粉（即谷朊粉），利用它吸水膨胀时产生的筋力；三是添加增稠剂，如海藻酸钠、黄原胶（均为天然添加剂），利用它们遇水后形成凝胶网络的性能；四是增加韧性，添加变性淀粉如淀粉磷酸酯钠、羟丙基二淀粉磷酸酯等；五是添加乳化剂，以提高各组分之间的加和性，提高粉体之间的黏结力；六是制造粉粒粒径之间的差距，具有黏性的粉粒粒径大于非黏性的粉粒粒径，使之包裹而形成网络。

此外，还可根据需要适量添加高筋粉（指面筋质含量在 3% 以上的小麦粉），既可提高筋力又可改善口味口感。生产实践表明，采用以上措施完全可以满足工艺要求，形成良好的产气力和持气力。

第二节　杂粮加工特点

目前杂粮加工制品可分为四大类型：一是原杂粮或经过简单处理制成的初级加工品；二是方便食品；三是传统风味小吃制品；四是以高粱、燕麦等杂粮为原料制成的酿造食品。

一、杂粮加工复杂而多样

我国的杂粮包括稻米、小麦、玉米等大宗粮食以外的各种杂粮、食用豆类、薯类等。总体上可分为四类：杂粮类，如荞麦、糜子、高粱、燕麦、谷子、大麦、黑麦、青稞等；食用杂豆类，如蚕豆、芸豆、绿豆、红小豆、扁豆、鹰嘴豆、豌豆等；薯类，主要指红薯、马铃薯等；特种油料类，如紫苏、核桃、红花、芸芥、油茶籽、亚麻籽、沙棘等。由于品种繁多，杂粮的加工技术复杂而多样。

二、多学科理论相结合

同类杂粮的品种具有多样性，其成分和保健功能各不相同，如荞麦分为甜荞与苦荞，燕麦分为皮燕麦与裸燕麦（即莜麦），高粱分为饲用高粱、酿酒用高粱与食用白高粱等，在加工中需要综合利用食品生物技术、化学化工技术、发酵工程技术以及分离、挤压、超微粉碎等技术。

三、需最大限度地保留功能活性成分

杂粮具有许多独特的保健功能，多数杂粮含有特殊的功能活性成分，因此在加工过程中必须最大限度地保留其有效功能成分。

四、调整适口性，满足人们吸收营养的要求

大部分杂粮含有很多抗营养因子，适口性及消化性较差。因此需要在加工过程中充分考虑人们的口味需求，保证产品有良好的适口性，使大众乐于接受杂粮产品，同时采取新技术、新工艺，使杂粮食品利于人体消化和吸收。

五、当前存在的加工问题

加工企业规模小、创新能力弱。尽管小杂粮加工业有较快的发展，但大多数企业仍为小规模经营，品牌杂，缺乏市场竞争能力，技术水平低，设备落后，缺乏高质量和高水平的监测手段。长期以来，对小杂粮生产、加工领域的科研工作重视不够，导致小杂粮生产、加工领域技术创新能力不强。

初级加工多，深加工少。杂粮的消费与出口绝大部分为原粮与初级加工产品。深加工杂粮数量的所占比重小，多层次开发的产品更少。

科技投入少。对杂粮研究不够重视，特别是对杂粮原料的加工特性、保健功能缺乏系统、深入的研究。

原料质量不稳定，缺乏系统衔接。有些杂粮品种正面临退化的危险，同时育种、生产、加工与消费市场存在脱节现象。

缺乏系统的杂粮原料及加工制品的品质评价指标体系与评价方法。

第三节　营养配比精细化

谷物杂粮含有丰富、全面的营养物质，对人体有极好的养生保健功效，自古以来就有"精细搭配，杂食五谷"的说法。随着人们生活水平的提高，食物越吃越精细，长此以往会导致膳食结构不合理、营养搭配不均衡。近年来，人们越来越注重养生，谷物杂粮逐渐回到餐桌上。但就单独的谷物杂粮而言，不能全面满足人们对营养物质的需求，因此人们开始研究将五谷杂粮搭配食用，以均衡补充人体所需的多种营养素。如谷类蛋白质常缺赖氨酸，而豆类蛋白质缺少蛋氨酸，将谷豆二者混合食用，不但可实现蛋白质互补，还可使人体获得丰富的营养物质和全面的必需氨基酸，在提高营养价值的同时还能提高蛋白质的利用率。

精细化的营养搭配可以更好地体现杂粮谷物的营养价值。目前，谷物杂粮超微粉凭口感良好、食用方便、营养价值高等优点，能很好地满足人们对营养保健食品的需求。通过研究制定复合杂粮营养粉配方，将缺少赖氨酸的玉米超

微粉、富含赖氨酸的大豆超微粉、高营养价值的发芽糙米超微粉按合理比例进行混配，可开发出一种氨基酸互补、高膳食纤维、即冲即食的复合杂粮营养粉，以简单、便利的速食形式满足广大消费者的营养需求。研究与开发杂粮营养粉具有极为重要的实用价值与广阔的市场前景。

图 3-1 是一种复合杂粮营养粉的加工工艺流程图。

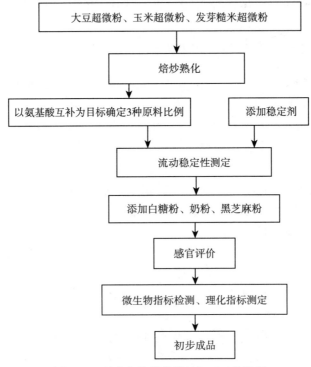

图 3-1　复合杂粮营养粉的加工工艺流程

具体的研究操作涉及的内容包括：研究不同温度和不同时间的区别，筛选出最佳焙炒熟化条件；采用氨基酸分析仪测定 8 种必需氨基酸的含量；通过氨基酸评分来确定食物蛋白质中的必需氨基酸和理想模式中相应的必需氨基酸的比值；根据食物组成中必需氨基酸含量的多少以及它们之间的比例情况来评价蛋白质的优劣，继而确定这几种营养粉的第一限制氨基酸分别是什么，推算出最佳添加比例；分析单一稳定剂对复合杂粮营养粉冲调稳定性的影响。

根据上述内容设计复配稳定剂配比的正交试验，对数据进行分析，然后通过检测判断制得的大豆粉超微、玉米超微粉和发芽糙米超微粉是否为无菌粉，是否可直接食用，再进行计算，就能确定杂粮的原料比例。

杂粮原料比例确定后，需要对其他添加剂的分量进行感官评价（表 3-1）。

表 3-1　复合谷物杂粮营养粉的感官评价

感官指标	感官结果
色泽	浅灰色，色泽均匀
口感	清甜醇厚，微黏稠感
气味	香气浓郁，有谷物特有的香味及奶香味
溶解性	热水即溶
杂质	无肉眼可见任何杂质
组织形态	呈均匀粉糊状，无结块、无分层现象

最后的步骤是对冲调好的复合杂粮营养粉进行理化指标测定和微生物指标检测。

第四节　多营养复合型加工

多营养复合型加工属于杂粮深加工方式，很多食物是采用多营养复合型加工制作而成的。

一、搅拌型高粱酸奶加工

目前，高粱在国际上已经广泛用于制作食品，而我国高粱却很少用在食品制作方面，我们需要探寻高粱用于食品制作的新途径，比如与酸奶的结合。

高粱酸奶可将高粱和酸奶用于的营养价值结合起来，在保留高粱功效的同时，还具有酸奶的保健作用，开发成新型产品可为高粱食品的制作开拓一条新途径。

（一）材料与方法

1. 材料

制作材料包括白果皮高粱籽粒和红果皮高粱籽粒（分别用"晋农粱 1 号"和"晋杂 22"，于 2015 年在山西农业大学农场试验田生产）、鲜牛奶（山西农业大学动物科学学院提供）、菌种和蔗糖。

2. 仪器设备

高压灭菌锅、电热锅、恒温培养箱、均质机、打浆机、无菌操作台、烧杯、过滤网、保鲜盒等。

3. 材料制作

高粱汁的制作工艺流程：选取高粱种子→去壳→清洗→煮熟→打浆→过滤→杀菌。

操作步骤：选取高粱。选用 2 个不同的品种，分别为白果皮（"晋农粱1 号"）和红果皮（"晋杂 22"）。影响高粱加工品质的 2 个主要因素为红色素和单宁，单宁在谷类作物中含量较高，尤其是在高粱中含量最高，高粱籽粒中单宁的含量与籽粒的种皮颜色有关。

去壳。去掉籽粒最外边的表皮，即颖壳。

清洗。用清水洗去籽粒中的杂质以及漂浮在水面的劣质颗粒。

煮熟。高粱中的单宁具有涩味，不容易被人体吸收与利用，降低了高粱的食用品质。高温水煮高粱后，可以去除部分红色素和单宁（汤兆铮，2002）。在高温煮熟的过程中，一部分红色素也被带入水中，使清水变成红色，煮熟后高粱籽粒颜色变深，白果皮的籽粒为红色，红果皮的籽粒为乌红色。

打浆及过滤。在煮熟的高粱中加水，用打浆机磨浆，用过滤网过滤到保鲜盒中，剩余滤渣加水重复上述操作 2～3 次后停止过滤，把所有的滤汁都倒入保鲜盒，冷藏后备用。

杀菌。将过滤后的高粱汁置于水浴锅中，设置时间和温度分别为 15min和 90℃，然后冷却到室温。

4. 其他材料

（1）鲜牛奶

要制作好的酸奶，必须选用不含防腐剂、不含抗生素、酸度较小、脂肪含量较低的新鲜牛奶为材料。牛奶煮沸后，高温能杀死牛奶中的绝大部分非病原菌和全部病原菌，还能提高酸奶的稳定性，延长酸奶的储藏期。

（2）蔗糖

选用颗粒较小的白砂糖，不能用绵白糖，因为绵白糖粒细，容易受潮，不宜用来制作酸奶。

（3）菌种乳酸菌

菌种乳酸菌能使乳糖发酵后产香变酸。将嗜热链球菌和保加利亚乳杆菌结合起来使用，可减少酸奶的凝固时间。

（二）制作工艺流程

工艺流程：准备鲜牛奶→混合调配（加蔗糖、加高粱汁）→均质→杀菌→冷却→接种→发酵→冷却→破乳。

操作步骤：混合调配。新鲜的牛奶在不锈钢电热锅中煮沸后，分成若干等份，把 2 个品种的高粱汁、蔗糖、接种量按一定比例混合调配。

均质。将混合调配好的高粱酸奶放进均质机中使其混合均匀，温度设定为 60℃，压力设定为 20 兆帕。

杀菌、冷却。在高压灭菌锅中灭菌后（在 0.1 兆帕的压力下，锅内温度达 121℃），冷却到室温。

接种。将发酵剂与酸奶均匀搅拌，使菌体从凝乳块中游离分散出来。在无菌操作台上给高粱酸奶接种乳酸菌。

发酵。把接种好的高粱酸奶放到恒温培养箱中发酵，温度为 42℃，时间为 4~8 小时，发酵时应避免摇晃、震动，否则会影响酸奶的组织状态。

冷却。先将发酵好的酸奶冷却到室温，再放入冰箱冷却，使酸奶逐渐凝固成光滑的组织状态。

破乳。以手工搅拌进行破乳，使凝乳变得更稳定，保水性加强。把酸奶冷藏于冰箱中，有助于酸奶凝固，同时防止酸奶发酵过度。冷藏后的酸奶在饮用时口感清爽。

（三）高粱酸奶评价

制作营养丰富、类型多样的食品以满足不同消费群体的需求，一直是国内外科研的重要内容。

研究发现，发酵 6 小时的高粱酸奶酸甜适中，组织状态较好，综合风味最佳。发酵时间过短，则酸奶组织软嫩，风味差；发酵时间过长，酸度高，乳清析出也多，口感较差。

高粱汁添加比例是影响高粱酸奶色泽和口感的一个重要因素。高粱汁添加比例较低时，酸奶的颜色为乳白色，高粱的口感不够突出；高粱汁添加比例过高，酸奶的颜色变为褐色，涩味加重。

蔗糖添加量也会影响高粱酸奶的口感，加糖量过少，酸奶的味道过酸。蔗糖添加量为 7% 时，酸奶具有酸酸甜甜的风味，产品组织状态细腻光滑。

接种量的多少也会影响高粱酸奶的风味，接种量较少，产酸容易被抑制，乳酸菌不能很好地生长，产酸不稳定，酸奶风味较差。随着接种量的增多，酸奶有少量的乳清析出，酸甜适中，色泽均匀，接种量为 2% 时，酸奶的味道最好。

在完善加工流程后，确定了最佳工艺配方为：高粱汁添加量 30%，乳酸菌接种量 2%，蔗糖添加量 7%，发酵时间为 6 小时。用最佳工艺配方制得的高粱酸奶质地紧密光滑，色泽均匀，口感绵延，有微量小颗粒感，与其他酸奶相比别有一番风味。

二、杂粮复合豆沙加工

豆沙是中式传统食品配料，富含多种营养素，但胱氨酸和蛋氨酸含量低，为限制性氨基酸。将豆沙与谷类食品合用，可发挥蛋白质的互补作用，提高其生理价值，研制营养保健价值更为突出的新型豆沙，如以红小豆、红芸豆为主要原料，辅以薏米和苦荞，强化营养保健功能的新型杂粮复合豆沙。

（一）材料与方法

1. 材料

红小豆：当年收获的新鲜籽粒，贵州义邦食品有限公司。

红芸豆（英国红）：贵州毕节当年收获的新鲜籽粒。

薏仁米：当年收获的新鲜籽粒，贵州义邦食品有限公司。

苦荞米：当年收获的新鲜籽粒，贵州义邦食品有限公司。

花生油：鲁花 5S 压榨一级花生油。

木糖醇：甘汁园。

分子蒸馏单甘酯、黄原胶：食品级，加福得食品（北京）有限公司。

红小豆沙：市售，安琪酵母股份有限公司。

2. 仪器设备

电子分析天平：AR224CN 型，奥豪斯仪器（常州）有限公司。

数显恒温水浴锅：HH‐2 型，常州澳华仪器有限公司。

立式压力蒸汽灭菌器：LDZX‐50KBS 型，上海申安医疗器械厂。

高速多功能粉碎机：HC‐300T2 型，永康市绿可食品机械有限公司。

水分含量测定仪：MB90 型，奥豪斯仪器（常州）有限公司。

冷冻干燥机：SCIENTZ‐18N 型，宁波新芝生物科技股份有限公司。

台式恒温振荡器：TH2‐92C 型，上海浦东物理光学仪器厂。

台式高速离心机：H2‐16KR 型，湖南可成仪器设备有限公司。

紫外可见分光光度计：L5S 型，上海仪电分析仪器有限公司。

（二）制作方法

红小豆、红芸豆原料→精选、清洗→浸泡→蒸煮→制沙、洗沙→脱水、干燥→炒制→杂粮复合豆沙。

在确定薏米红小豆沙、苦荞红小豆沙、苦荞红芸豆沙的质量由色泽、风味、口感、组织形态等因素构成后，进行感官评定，之后进行统计和结果分析。

（三）杂粮复合豆沙评价

薏米、苦荞作为集营养、医疗、保健功能于一体的重要小宗粮食作物，因营养物质丰富、营养价值高，得到了较为广泛的应用。将薏米、苦荞和豆沙按照营养互补原则进行合理搭配，研制出的杂粮复合豆沙因具有高营养、优品质的特性而拥有广阔的发展前景。

第五节　功能食品加工

杂粮本身具有许多功能性作用，经食品加工后可成为功能食品。功能食品是强调其成分能增强人体机体防御功能、调节生理节律、预防疾病和促进康复的工业化食品。

功能食品有具体的消费对象分类，比如日常的功能食品，消费对象分为婴儿、学生和老年人等；特种功能食品着眼于某些特殊的消费群，强调食品在预防疾病和促进康复方面的调节功能，如减肥功能食品、可提高免疫力的功能食品和美容功能食品等。

一、米糠食品

在我国，米糠作为畜禽的主要饲料之一，营养价值和资源效益还未得到充分发挥，造成了极大的资源浪费。目前，随着研究的深入，人们对米糠的利用扩展到很多领域，也取得了一定的成绩。

米糠占稻谷质量的 6%～8%，却占了 64% 的稻谷营养素，含有丰富且优质的蛋白质、脂肪、多糖、维生素、矿物质等营养素和生育酚、生育三烯酚、γ-谷维醇、28 碳烷醇、α-硫辛酸、角鲨烯、神经酰胺等生理功能卓越的活性物质，这些成分具有预防心血管疾病、调节血糖、减肥、预防肿瘤、抗疲劳和美容等功能。米糠不含胆固醇，其蛋白质的氨基酸种类齐全，营养品质可与鸡蛋蛋白媲美，而且米糠所含脂肪主要为不饱和脂肪酸，必需脂肪酸质量分数达 47%，还含有 70 多种抗氧化成分。因此，米糠在国外被誉为"天赐营养源"。

米糠稳定化技术的进步，可有效地使米糠中的抗营养因子脂肪酶和过氧化物酶失活，并保存其营养成分。以米糠或米糠提取物为原料研究和开发的各种米糠功能食品，能充分发挥米糠的营养功能和作用，已成为谷物科学领域的关注焦点。

（一）米糠油脂

米糠中粗脂肪的含量在 15%～20%，亚油酸与油酸的质量比为 1：1.1，接近世界卫生组织（WHO）推荐的 1：1 的最佳比例。米糠油中含有维生素 E、角鲨烯、活性脂肪酶、谷甾醇和阿魏酸等成分，是一种天然绿色的健康型油脂。

米糠油具有气味芳香、耐高温煎炸、耐长时间储存和几乎无有害物质生成等优点，成为继葵花籽油、玉米胚芽油之后的又一新型食品用油并受到普遍关注。米糠油用于制作油炸食品，可增加油炸食品的风味。目前还开发了以米糠油为主，添加不同比例的葵花子油、红花籽油、玉米油、花生油和茶油配制而成的米糠营养调和油。

（二）米糠蛋白

随着人们对米糠蛋白认识的不断深入，米糠蛋白在食品工业上的利用价值日益升高。米糠的蛋白质含量约为 12%，其中可溶性蛋白质约占 70%，与大豆蛋白相近，其氨基酸组成与联合国粮农组织和 WHO 建议的模式接近，营养价值可与鸡蛋蛋白相媲美。从脱脂米糠中提取植酸后，经碱液提取和使用盐析技术，可制得优质的米糠蛋白。

米糠蛋白是已知谷物中过敏性最低的蛋白质，很多植物性蛋白和动物性蛋白中含有抗营养因子，往往会引起过敏或中毒反应，婴幼儿对这些因子更为敏感，而米糠蛋白不含类似致敏因子。米糠蛋白是一种必需氨基酸齐全、生物效价高、具有低过敏性和良好消化性的优质植物蛋白资源，因此可作为低过敏性蛋白原料用于制作婴幼儿食品。在蛋白饮料中，利用米糠蛋白制取的蛋白饮料具有优良的乳化稳定性。

此外，米糠还可用于制作很多食品，如焙烤食品、咖啡伴侣、人造奶油、糖果、汤料、酱料、卤味及其他调味品。

近年来，以米糠蛋白为原料进行多功能活性肽的开发研究较为活跃。多功能活性肽是具有调节人体生理节律、增强机体防御能力、预防疾病等功能的生物活性分子。在一定的条件下将大米蛋白酶解，可获得这种具有降血压和增强免疫力的活性肽，这种活性肽可作为 ACE 抑制剂，已成为蛋白质水解研究的热门课题。

（三）米糠膳食纤维

膳食纤维对人体的生理功能主要表现在防治结肠癌和便秘，预防和改善冠状动脉硬化造成的心脏病，调节糖尿病患者的血糖水平以及预防肥胖病和胆结石等。米糠中膳食纤维含量在 25%～40%，具有非常强的持水能力、自然的甜味和轻微的坚果味。

米糠膳食纤维通常作为一种面粉添加剂，用于制作面包、饼干等焙烤产品，也可以直接冲饮。米糠膳食纤维对面粉的粉质和延展性都有影响，在面粉中加入米糠膳食纤维，表面上看起来稳定时间随着米糠膳食纤维量的增加而增加，实际则有降低面粉筋度的作用，添加米糠膳食纤维后，面团延展性明显变小。

二、燕麦食品

燕麦含有丰富的营养物质，如蛋白质、脂肪、膳食纤维等，而且其氨基酸组成接近人体的需要。大米蒸煮后气味浓香喷鼻，色白且晶莹透亮，黏着性较强，粒与粒之间相互粘连，口感细软、筋道。燕麦米蒸煮后香气不浓，但具有独特的风味，颜色金黄，颗粒间疏松多空隙，黏性小，口感筋道，味道浓。因此，将燕麦米与大米合理搭配，不仅能够保证口感，还能为人们提供一种健康的饮食搭配。

目前，一些企业已经开始生产燕麦米，加工方法基本相同，均以清理表皮、去除麦毛、消除酶活性为主，延长了保质期，提升了口感，稳定了储存效果。

但与国外燕麦食品发展状况相比，我国对燕麦加工的研究还没有引起足够的重视。国内主要将燕麦通过"三熟"工艺加工成面粉，供产区人民制作传统食品，包括莜面面条、莜面锅饼、莜面糕等。其他大部分用做产区家禽的饲料而直接消耗，少部分供燕麦食品加工厂生产燕麦片等。

20世纪80年代后我国开始生产燕麦片，但始终存在生产规模小、水平低、进展缓慢等缺点和不足。20世纪90年代以来，美国的桂格麦片，马来西亚的日隆、恩氏，新加坡的皇家麦片等燕麦加工企业，看到中国广阔的市场和优质的裸燕麦资源之后纷纷涌入，燕麦产业在中国有了长足的进步。

厂家也开始重视燕麦米的生产，多将裸燕麦、皮燕麦加工成燕麦米。将燕麦米按30%～60%的比例添加到大米中蒸煮，可制成色泽喜人、口感极佳的米饭。燕麦的主产区集中在北方尤其是燕麦主产地区，南方生产燕麦米的厂家很少，主要是因为燕麦脂肪酶活性高，南方高温潮湿，加工工艺控制不严格容易使燕麦味道变苦、保质期变短。

此外，燕麦可经深加工生产全粉、精粉、高纤维麸皮、燕麦方便面、燕麦奶粉、燕麦饮料、燕麦冰激凌食品、宇航员的太空食品以及燕麦葡聚糖、淀粉、蛋白质、燕麦油等保健功能产品。这些保健功能产品的问世，标志着燕麦产业进入了一个新的发展阶段。

第六节 杂粮日常化加工

杂粮日常化的加工与人民群众的生活密切相关，杂粮经过蒸煮可直接食用，作为精细主食的一种调节，为人们提供更多便利与选择。

一、甘薯的日常加工

甘薯的食用方法很多，按形式来分，可分为主食、副食两种类型。甘薯作为主食，除可以直接蒸煮食用外还可以制成全粉，与面粉、米粉、玉米面等按一定比例混合制成香甜可口又富有营养的馒头、面包、面条等主食，以增加主食中的维生素及钙的含量，使营养成分更加完善；甘薯作为副食，经过简单加工可以制成各种食品及食品添加剂。

将甘薯加工成淀粉做粉条、粉丝、粉皮等产品，在我国的甘薯产区有悠久的历史，粉条加工已成为广大薯区农民增收致富的一条新途径。其中淀粉、粉条、粉丝被称为甘薯"三粉"。

用甘薯制成的果脯，不但软甜可口，而且物美价廉，成本仅为其他果脯的1/3。甘薯渣可制成酱油、醋等产品。用甘薯代替小麦生产味精不但成本低，还节约了粮食。据不完全统计，以甘薯作原料的菜肴就有20余种，如拔丝甘薯就是宴会桌上常见的菜肴之一。以甘薯为原料制成的饴糖可与高粱饴媲美，甘薯糖水罐头在一些国家畅销。甘薯还可以经过简单加工而成为速煮甘薯和脱水甘薯，其风味不变，可以作为旅行食品。甘薯经烘烤、蒸煮或油炸可制成红心薯干、薯脯、罐头、油炸薯片以及系列糕点、菜肴等上百种美味小吃，深受广大消费者欢迎。如福建省连城县生产的红心地瓜干保持了甘薯的色、香、味，畅销海内外，成为福建省出口的名特产品之一。

总之，甘薯经过简单加工，不但可以提高经济价值，还大大提高了适口性，从单一食物变为多种食品以及调味营养品。

二、苦荞的日常加工

苦荞挂面营养丰富，对控制糖尿病有效，降血脂的效果明显，是糖尿病和高血脂患者的理想食疗佳品。其由苦荞面（不超过30%）、精制小麦粉、盐等精制而成，呈黄绿色。

苦荞方便面具有携带方便、营养丰富等特点。可用开水泡食或煮食，老少皆宜。原料、辅料为苦荞面、精制小麦粉及盐等。

在制作普通面包的面粉中添加 20％的苦荞粉即可做成苦荞面包。苦荞面包松软可口，有特殊香味，适于糖尿病、高血脂、胃病患者及中老年人食用。其原、辅料为苦荞面、小麦粉、盐及酵母等。

营养快餐粉食用方便，可加适量糖后用开水或牛奶冲食，富含蛋白质、维生素和矿物质，营养丰富，适合上班族、中老年人及儿童食用。其原料为膨化后细磨过筛的苦荞粉，以及不同比例的大豆粉、花生或芝麻粉。糖尿病患者可加盐或甜菊糖苷等不含蔗糖的甜味剂食用。

苦荞饼干分为甜、咸两种。甜味苦荞饼干分为加糖、加甜菊糖苷两种，后者更适合糖尿病人食用。

采用一定工艺提取苦荞粉中的生物类黄酮，然后制成胶囊，可作为保健品直接服用。

苦荞脱壳后成为苦荞米。苦荞米可直接煮饭、煮汤，也可继续加工成面粉。

苦荞茶是用脱壳的苦荞米或碎粒添加配料制成的。苦荞茶颜色清亮，适于心脑血管疾病患者、中老年人饮用。

三、高粱的日常加工

用于制糖的甜高粱茎秆中含蔗糖 10％～14％、还原糖 3％～5％、淀粉 0.5％～0.7％。用甜高粱茎秆熬制糖稀，在中国有悠久的历史。糖稀可进一步用于生产结晶糖。用高粱淀粉制成的高粱饴久负盛名。

（一）制酒及酒精

利用甜高粱生产的酒精作为一种能源越来越受到重视。欧洲共同体经过多年的研究，指出甜高粱是很有前途的再生能源作物。甜高粱茎秆经球磨机碾碎后榨取的汁液，与酵母和矿质元素混合后发酵，糖就转化为酒精。高粱籽粒是中国制酒的主要原料。多种驰名中外的名酒是用高粱做主料或佐料酿制而成的，如凤翔西凤酒、白水杜康酒、梅县太白酒、黄陵延安酒和宝鸡秦川大曲等。酿制高粱酒大都采用固体发酵法。此外，高粱还可以酿制啤酒，高粱啤酒是一种略带酸味的混浊液体，发酵后的酵母菌仍存在于啤酒中，是非洲人的传统饮料。

（二）提取色素

高粱籽粒、颖壳、茎秆等部位含有多种色素，可以提取应用，目前，应用较多的是用 60％乙醇从高粱壳中提取的天然高粱红。高粱红色素成品是一种具有金属光泽的棕红色固体粉末，属异黄酮类，无毒、无特殊气味，色泽良好。高粱红色素可应用于熟肉制品、果冻、饮料、糕点彩装、畜产品、水产品及植物蛋白着色；在化妆品行业，可取代酸性大红，用于制作口红、洗发香波、洗发膏等；在医药行业，作为着色剂，可用于制作有色糖衣药片和药用胶囊。

四、籽粒苋的日常加工

籽粒苋是一年生的粮食、饲料、蔬菜兼用作物，栽培历史悠久。

籽粒苋食品的商品化和工业化生产：国外对籽粒苋产品的商品化、工业化开发较早，现已取得很好的经济效益、社会效益和生态效益。主要产品有籽粒苋粉和与小麦粉混合后制成的点心。在美国，籽粒苋已进入保健食品商店和食品连锁店，籽粒苋保健食品、小吃食品、焙烤食品、风味食品在市场上受到消费者欢迎。

籽粒苋食品在国外市场上种类很多，归纳分类如下。

苋籽及苋粉：主要有小包装（1千克左右）和大包装（5千克以上）两种。籽粒苋粉又分全粉、高麸型和低麸型等多种类型，此外还有爆裂型籽粒及其苋粉和苋面等产品。

烘烤食品：苋粉、苋片或苋粒以特定的方式与其他食品成分混合，用于制作烙饼、脆饼及其他类型烘烤食品。

苋芽粉：苋籽经48小时发芽后按常规方法制粉，即可得到苋芽粉。苋芽粉具有很高的营养价值，备受消费者欢迎。

早餐谷物食品：这类食品可分为热型和冷型两种。热型食品煮熟后才能食用。在欧洲，籽粒苋与麦类、玉米、荞麦等谷物一起加工食用，如籽粒苋与燕麦混合加工成片等。冷型食品可直接食用，如苋片及多种籽粒膨化食品以及挤压食品。在秘鲁，人们对苋片情有独钟，胜过燕麦片。

快餐：这类食品主要是饼干，籽粒苋可以提高饼干的营养价值。目前，含籽粒苋的饼干已广为消费者所接受。

五、蚕豆的日常加工

蚕豆含有丰富的蛋白质、淀粉和维生素等，可开发出多种蚕豆加工品。

（一）兰花豆的加工方法

将蚕豆放入60℃的水中浸泡至软，用小刀在每粒蚕豆上画"十"字，以划破表皮为宜，稍晾至豆壳表面无水后，放进油锅炸至表皮开花，豆壳由黄变红时迅速捞出沥油，加入精盐末，即成香脆可口、独具风味的兰花豆。

（二）蚕豆酱的加工方法

蚕豆酱又称豆瓣酱，以蚕豆为主要原料，辅以面粉、盐和水等。将去壳豆瓣蒸煮熟，冷却后拌入焙炒过的面粉（一般蚕豆瓣和面粉的比例为100：3），冷至40℃左右接入种曲，压制成饼坯后，移至室内（室温30℃左右为宜）自然发菌，待饼坯上长出菌毛，即可将饼坯弄碎放入缸中，加入盐水，而后将缸移至阳光下暴晒发酵，经40～50天，酱色变成黑褐色并散发香味时即可食用，如果添加辣椒及香辛料，就可制成辣豆瓣酱。

（三）蚕豆粉丝的加工方法

每100千克淀粉中取出4～5千克，先加入60～70℃的水将4～5千克淀粉搅成糊状，再迅速倒入20千克沸水搅拌成酱芡，然后将酱芡和入剩余淀粉中，充分搅拌40～50分钟，再将其置于专用铜筛中，从筛眼中连续不断地呈细丝状挤入开水中，经冷却、漂洗、晒干即可储藏。

（四）蚕豆罐头的加工方法

通常用白粒型蚕豆制罐头。将青嫩的蚕豆粒于77℃水中软化2分钟，软化时间不能太长，否则豆粒会破裂。接着进行浸洗、检验，然后装入蔬菜罐头盒，加入热的盐水并排气，再于116℃条件下处理25分钟后迅速冷却，储藏待用。

（五）豆皮的加工方法

把泡涨的蚕豆磨细成浆，盛入锅或缸中，再加入适量石灰水，充分搅匀，用沸腾气体加温或直接加温，使其浓缩成糊状，捞出后分层放在用白布隔开的固定装置内，通过压榨除去水分即成。可做凉菜和热菜食用。

（六）凉粉的加工方法

在烧开的水中加入少量明矾，使其充分融化，把和成糊状的蚕豆粉面倒入水中，边倒边搅边加温，黏稠后装入碗、碟中降温。食用时切成条状，加入佐料即可，是高温季节常见的方便凉食之一。

(七) 蚕豆浓缩蛋白的加工方法

蚕豆蛋白质的分离工序：蚕豆去壳、磨碎（得到蛋白质和淀粉的混合面粉），用稀释的弱碱提取蛋白质，接着将提取的蛋白质醇化，经分离、洗涤和干燥等程序得到蛋白质的分离产品。在分离出蛋白质的同时也可生产出相当的蚕豆淀粉，这种淀粉可作糖果、糖浆和甜味剂的来源。

(八) 蚕豆芽的加工方法

蚕豆豆芽的子叶较大，较难煮烂，市场销售较少，主产区农户只在过年、过节或婚丧嫁娶时自产自用。生产方法：选用上好蚕豆籽粒，浸洗干净、浸泡膨胀后，在 24℃湿润、避光的条件下发芽、生长；每天把籽粒放到 30℃左右的温水中浸泡 1 分钟左右，捞出后放回原处，可保持水分、增加温度，促进发芽生长，根长 8～10 厘米时即可食用。

第七节 特殊需求加工

一、特殊人群杂粮早餐

(一) 早餐要求

我国正面临人口老龄化、亚健康状态化问题，中老年糖尿病患者逐渐增多，膳食疾病普遍，开发面向特殊人群的营养早餐产品对维护和促进人体健康、繁荣开拓食品市场具有重大意义。

原料的选择分析、营养均衡合理是设计特殊人群营养早餐配方的关键所在。在原料的选择上，不仅要考虑不同特殊人群的膳食营养需求和各原料的基本营养成分，还要考虑杂粮的生产加工特性以及资源供给情况及成本价格。

配方设计必须满足以下 3 个基本条件。

第一，根据现代中医理论与膳食营养学理论，选择具有食疗功效且营养互补的杂粮作为主要原料，使产品营养均衡且具有一定功能。

第二，产品目标人群分为两类：中老年人（高血糖患者），宜食用宜高纤降糖杂粮粉；亚健康人群（气虚患者），宜食用益生杂粮粉。

第三，在保证营养均衡的条件下，产品特性（组织状态、色泽、气味及滋味等）应符合大众消费者的饮食习惯。

(二) 产品配方选择

配方原料的选择直接决定产品的定位及其营养价值。要针对不同特殊人群研发具有不同功效的营养早餐，在设计理念中融入现代中医学理论，选择有保健功能的杂粮作为主要原料，再根据不同特殊人群的膳食营养需求，以《中国食物成分表》中各杂粮的营养素含量为参考值，兼顾产品的经济成本及特性，科学设计产品的配方，以求改善特殊人群的病理状态。

1. 高纤降糖杂粮粉配方

高纤降糖杂粮粉的配方包含荞麦、黑米、黑豆、黑芝麻、南瓜等杂粮。杂粮营养组成丰富，不同杂粮的搭配可改善营养成分比例，使氨基酸构成模式符合人体所需，又因富含独特的生理活性成分而具有特殊的食疗功效。荞麦营养丰富，芦丁含量居杂粮之首，富含钾、钙、锌等多种矿质元素和膳食纤维，能量较低，适于作糖尿病患者的主食。《本草纲目》记载荞麦为五谷之王，具有降气、宽肠、磨积滞、消热肿风痛等功效。黑米、黑豆、黑芝麻作为主要黑色食品，维生素、人体必需氨基酸及矿质元素含量丰富，与一定量的荞麦搭配，可改善氨基酸组成模式，提高营养价值。芝麻含有大量不饱和脂肪酸，能够保护肝脏、稳定血压。《本草纲目》记载芝麻可补五内、益气力、长肌肉、填脑髓。南瓜中维生素含量丰富，脂肪含量极低，与水果相当，南瓜中的钾、钙含量较高，能有效预防老年痴呆、骨质疏松和高血压等，特别适合中老年人和高血压患者食用。

2. 益生杂粮粉配方

益生杂粮粉的配方包含山药、小米、红豆、紫薯、花生、大枣等食材。根据现代中医学理论，气虚症候多以补气治疗。肾为气之根，脾胃为气之源，肺为气之主，应健脾胃、通肺气，寒热调和则人气畅达。配方食材中，山药主伤中补虚，除寒热邪气，补中益气力。

《本草纲目》中有"小米，治反胃热痢，煮粥食，益丹田，补虚损，开肠胃"的记载，民间也素食小米粥以调养身体。红豆、大枣、花生性味甘平，可补益脾胃、养血安神，与谷类搭配可弥补赖氨酸的缺乏，提高产品的营养价值。

二、无糖玉米面月饼

（一）食材介绍

玉米面属于粗粮，与细粮的口感不同，有人因此认为玉米面的营养价值较低，其实不应用粗、细粮来判断营养价值。如玉米面中含有的亚油酸与维生素 E，可以使人体内的胆固醇水平降低，降低动脉硬化的发生率；玉米面中含钙、铁较多，可以预防高血压以及冠心病；玉米面中含有大量的谷物醇，这是一种抗癌因子，可以有效预防肠癌，粗磨的玉米面中还含有大量的赖氨酸，可以有效抑制肿瘤的生长；玉米面中丰富的纤维素虽不被肠道吸收，但能够促进肠蠕动，缩短消化时间，减少有毒物质的吸收量与致癌物质对结肠的刺激，以降低结肠癌的发生率，还可预防便秘。

木糖醇是一种新型的甜味剂，甜度相当于蔗糖，热量低，可作为蔗糖的替代品；咀嚼木糖醇还可促进唾液的分泌，减少口腔中细菌的增长，破坏牙菌斑的形成，从而防止龋齿，坚固牙齿；木糖醇在人体内代谢过程缓慢，可以作为胰岛素的天然稳定剂，不会引起血糖上升，适合作为高血糖和糖尿病患者食品的甜味剂和营养补充剂；木糖醇还能促进肝糖原的合成，不会使血糖上升，有改善肝功能和抗脂肪肝的作用，对患有肝炎及并发症的患者有明显的治疗效果。

用油可以选择胡麻油，有关研究表明，胡麻油的主要成分为不饱和脂肪酸，大约占 75％。胡麻油的主要营养成分为 α-亚麻酸，含量高达 50％以上，在人体内可直接转化为二十碳五烯酸和二十二碳六烯酸。胡麻油中还富含维生素 A、维生素 E、蛋白质及磷、铁等矿物质，食用后可以起到降血脂、抑制多种慢性病发生、健脑、延缓血栓形成、增强免疫力等药理作用，是值得推荐的保健油之一。

（二）材料与方法

1. 原料
胡麻油（山西省神池县玉红山西特色粗粮馆）。
木糖醇（山东龙力生物科技股份有限公司）。
白面、玉米面、花生、白芝麻、葵花籽仁、葡萄干等（市售）。

2. 仪器与设备
AR224CN 型电子天平〔奥豪斯仪器（上海）有限公司〕。
KX－30J601 多功能家用电烤箱（九阳股份有限公司）。
C22－L86 家用电磁炉（九阳股份有限公司）。
30 克月饼木质模具（衢州市卡渊贸易有限公司）。

（三）工艺流程

1. 月饼皮的工艺流程
白面→加入玉米面粉→搅拌→烧红胡麻油→倒入胡麻油→加沸水→揉搓成面团备用。

2. 月饼馅的工艺流程
将花生、白芝麻、葵花籽仁炒熟→压碎→葡萄干切块→加入木糖醇→均匀搅拌备用。

3. 月饼的工艺流程

月饼皮面团切块后包馅→入模成型→码入烤盘→入烤箱焙烤→冷却。

加工好的月饼具有胡麻油与玉米面独有的香味，表面呈金黄色，口感酥脆，馅料饱满，香甜可口。在传统手工月饼的基础上改变传统配料，增加膳食纤维，用木糖醇代替蔗糖，用胡麻油代替大豆油，加入玉米面粉等既丰富了传统月饼种类，还赋予月饼营养价值和保健作用，适宜高血糖、高血脂、糖尿病患者等特殊患病人群食用。

三、苦荞八宝粥

（一）方便粥简介

食粥疗法是一种重要的食疗方法，应用于保健养生，改善机体的亚健康状态。将药物与非药物共同熬煮成粥，可最大限度地减小药物的毒害作用而不会降低药物的疗效。食疗是重要的防治疾病的方法，现代人更多地将食疗应用于养生保健中。我国食疗的处方数量巨大，在养生保健的同时可以改善产品的口味，将越来越多地在人们生活中发挥重大作用。

方便粥是方便食品的一种，市场上的方便粥可以分为两种，一种是由米饭、杂粮、干果、蔬菜等经过脱水等工艺制成的成品，可长期保存，携带方便。这类方便粥复水便可食用，在美国等发达国家出现较早，市场较大。另一种是即食粥，市场上常见的产品是八宝粥罐头。前一种加工工艺比较复杂，复水之后风味较差，成本也高，在我国市场上不太受欢迎。而八宝粥罐头打开包装即可食用，口感风味较好，营养丰富。市场上常见的八宝粥品牌有娃哈哈、银鹭、泰奇等。

（二）工艺与价值

苦荞八宝粥的原料为杂粮。各种原料熟化性质差异较大，且加工过程中还须去除原料中的有害成分，如蛋白酶抑制因子、单宁、植物凝集素、胀气因子、致敏因子等。应用浸泡、预煮和高压灭菌3步生产苦荞八宝粥，苦荞、糯玉米、黄米、黑豆、红芸豆5种原料分别选取不同的浸泡时间、浸泡温度、预煮时间。浸泡和热力钝化能够减少原料中的有害成分。

苦荞八宝粥在储存过程中淀粉老化，口感、形态变差。由于糊化淀粉的老化趋势不可避免，至今尚无彻底解决办法，只能通过物理、化学或者生物手段抑制淀粉老化。对淀粉老化抑制效果明显的方法有利用淀粉水解酶降解淀粉、添加乳化剂、添加亲水性胶体等。在方便大麦粥的淀粉老化控制及其工艺研究中，常使用果胶、单甘酯和麦芽糊精抑制淀粉老化。

　　苦荞八宝粥采用工业化生产的工艺流程生产，高温高压灭菌过程中物质损失较为严重。但与同类产品相比，苦荞八宝粥养生保健效果显著。苦荞八宝粥中的营养物质含量高于同类产品，糖类和蛋白质易于消化吸收，抗氧化能力较强，具有防癌、延缓衰老及防治老年人高血脂、高血糖、冠心病等功效。

第四章 山西杂粮加工产业发展

杂粮不仅是人们的食物来源，由于具有特殊的生物学特性、生长条件区域性、营养价值及保健功能，现已成为健康食品的代名词，由此延伸而来的加工产业也得到迅速发展。

第一节 山西杂粮产业

20 世纪以来，我国粮食供求由长期的供不应求向供求基本保持平衡的方向发展，农业的发展开始由量的增长向质的提高转变，计划经济时期重视大宗作物而忽视小宗粮豆的农业指导思想也发生了实质性改变。1998 年，山西省将小杂粮产业化开发提上日程。

1999 年，山西省农业厅党组对农产品的发展提出了一系列措施，主要为改变战略方法，提出一系列增强农业发展的新措施，发挥区域种植优势，突出发展"粮、畜、果、菜、草"5 项主要产业，确定"奠定小麦、玉米的基础，突出发展水果、蔬菜，进一步发展小杂粮"的农业结构调整思路。这一调整思路推动了我国农产品状况的改变。

山西省人民政府在《关于进一步调整农业结构的若干意见》中提出，"小杂粮是我省的特色农产品，其独特的口味和特殊的保健作用，已日益成为人们消费的新热点，市场前景普遍看好。要充分发挥这一优势，扩大面积，优化品质，提高产量，使小杂粮成为我省粮食生产新的增长点"（刘志玲等，2011）。

山西省农业部门通过分析小杂粮产业的种植面积、种植技术等一系列的发展现状，提出整合土地开发，改善种植技术，提高种植产量，以科技为支撑，整合一系列的销售环节、产品加工环节、生产环节，全力解决生产过程中制约其发展的因素，完善产业结构，着手解决产学研相结合的产品生产过程中遇到的重重阻碍。以 70 个杂粮生产重点县为主，着重构建和振兴小杂粮产业建设相结合的四大工程体系——龙头企业工程、服务体系工程、良种繁育工程、标准化生产示范基地工程，多方位、立体化发展山西省小杂粮产业。

第二节　山西杂粮产地初加工

一、产地初加工处理

（一）清理除杂

杂粮在选种、栽培、收割、干燥、运输和储藏等过程中，难免会混入各种各样的杂质，从而对加工过程及产品质量产生不利的影响。因此，对杂粮进行清理除杂是加工过程中必不可少的重要工序。

1. 杂质包含的内容

杂粮中的杂质按化学成分的不同，可分为无机杂质和有机杂质两类。无机杂质是指混入杂粮中的泥块、沙石、煤渣、砖瓦、玻璃碎块、金属物及其他矿物质等；有机杂质是指混入杂粮中的根、茎、叶、颖壳、麻绳、野生植物种子、异种粮粒、鼠雀类、虫蛹、虫尸及无食用价值的生芽、病斑变质、虫蚀粮粒等。习惯上将无机杂质和有机杂质称为尘芥杂质，异种粮粒及无食用价值的粮粒称为粮谷杂质，有毒的病害变质谷粒称为有害杂质。

根据杂粮中杂质的物理性状，杂质可分为大杂质、小杂质、并肩杂质、轻杂质、重杂质及磁性金属杂质。

2. 杂质清理目的

粮粒中的杂质不仅会影响加工原料的质量，增加谷粒的体积，还会增加运输和保管的费用，影响杂粮的安全储藏，甚至会给加工带来很大的危险。因此，对杂粮进行清理，一方面是为了提高加工机械设备的工艺效率，保证生产安全；另一方面是为了提高产品纯度，确保身体健康，同时可降低运输和保管的费用，有利于安全储藏。

杂粮中如含有秸秆、杂草、纸屑、麻绳等体积大、质量轻的杂质，容易堵塞输送管道，妨碍生产顺利进行，或阻塞设备的喂料机构，使进料不匀，减少进料量，降低设备的工艺效率和加工能力。有时还会堵塞筛孔，使粮粒混入大杂质中，造成粮食的浪费。

杂粮中如含有泥沙、尘土等细小杂质，进入车间后，在下料、提升、输送过程中会造成尘土飞扬，污染车间环境卫生，危害操作工人的身体健康。

杂粮中如含有石块、金属等坚硬杂质，在加工过程中容易损坏清理机械，影响设备工艺效果，增加维修费用，缩短设备使用寿命，甚至造成工伤事故和设备事故；坚硬杂质与设备金属表面发生碰撞及摩擦，还有可能产生火花，引起火灾及粉尘爆炸。

杂质如不清除，混入产品中还会降低产品纯度，影响成品和副产品的质量。因此，必须对粮粒进行清理，以保证产品质量和生产安全。

（二）清理的方法

杂粮中的杂质种类很多，在物理特性方面存在差别，而且往往同时存在几个方面的差别，因此必须选择粮粒与杂质之间最显著的差别作为主要依据，并将其他较小的差别作为次要依据进行适当考虑，采用不同的设备和相应的技术措施来分离杂质，以符合既有效又经济的原则。

根据粮粒与杂质间物理特性的差别，杂粮清理的方法主要有风选法（空气动力学特性不同）、筛选法（粒度不同）、精选法（形状与长度不同）、比重分选法（相对密度不同）、磁选法（导磁性不同）等。

1. 风选法

根据粮粒与杂质间空气动力学特性的差别，利用气流进行分选除杂的方法称为风选法。按照气流的运动方向，风选形式可分为垂直气流风选、水平气流风选和倾斜气流风选 3 种。

2. 筛选法

筛选法是利用被筛理物料的粒度差别，借助筛孔分离杂质或将物料进行分级的方法。物料经过筛孔后，留存在筛面上未穿过筛孔的物料被称为筛上物，穿过筛孔的物料被称为筛下物。

（1）筛选的基本条件

在筛选过程中，如果要达到除杂或分级的目的，必须具备 3 个基本条件：一是应筛下物必须与筛面接触；二是选择合理的筛孔形状和大小；三是保证被筛理物料与筛面之间具有适宜的相对运动速度。

（2）筛选设备的选择

①筛选设备常见的筛面与筛孔见图 4-1。目前在筛选设备中应用较多的

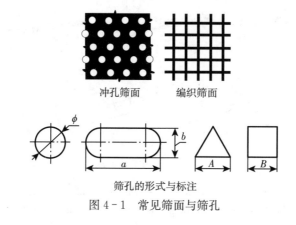

冲孔筛面　　　编织筛面

筛孔的形式与标注

图 4-1　常见筛面与筛孔

是冲孔筛面，其强度较高，耐用性较好，筛面较易装置，编织筛面的筛孔面积占比较大，筛选效率较高，但存在筛孔易变形、较难安装等缺点，目前在筛选设备中应用较少。

在筛选设备的筛面上应用较多的是圆形筛孔，这种筛面的强度较高，一般用筛孔直径大小对其进行标注，如直径 2.5 毫米筛孔（常用于除大杂质）、直径 1 毫米筛孔（常用于除小杂质）等。

②筛孔大小的选择。筛孔大小主要根据指定的筛下物的粒度大小来确定，同时参考物料流量大小与筛选的要求进行调整。用于清理流程中除大杂质的筛孔一般直径为 6 毫米，若工作过程中筛上物覆盖了筛面长度的 1/2 以上，应酌情更换较大筛孔的筛面，一般用于清理毛麦时可加大筛孔。

工作过程中须根据原料情况进行调整的一般为除小杂质筛孔。当原料中小杂质的含量较高或物料的粒度较大时，可加大除小杂质筛面的筛孔直径。

在更换筛面之前，应采用拟用筛孔的检验筛面进行试验，在筛面上放置约 20 毫米厚的相关原料，采用与对应筛选设备类似的运动形式进行模拟筛选试验，筛理 20 秒左右，观察试验结果，以确定合适的筛孔。

在筛面的组合生产实践中，一层筛面的筛选往往达不到工艺要求，需要多层筛面组合使用，才能有效地进行筛选。所以，筛面组合的合理与否，在筛选过程中同样起着重要的作用。筛面组合的方法可分为筛上物法、筛下物法和混合法 3 种。

（3）筛选工作面的运动形式

①静止。筛面倾斜静止放置，物料自动在筛面上作直线运动（图 4-2a）。改变筛面与物料之间的摩擦系数或改变筛面倾斜角，可以促使物料在筛面上自动分级，也可以避免自动分级的发生。物料在静止筛面上运动时，相对于筛面运动的路线较短，因此筛选效率较低。

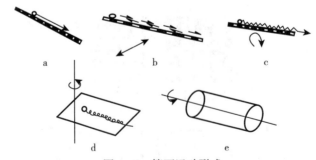

图 4-2　筛面运动形式

②往复振动。筛面做往复直线运动，物料沿筛面做正反两个方向的相对滑动（图 4-2b）。筛面的往复运动能促进物料自动分级，且物料相对于筛面运

动的路线较长，故筛选效率较高。

③高速振动。筛面在垂直平面内作轨迹为圆或椭圆的平动（也可做直线振动），物料在筛面上做小幅度的跳动（图4-2c）。高速振动筛面的振动频率较高，振动力强，物料在筛面上跳动，不易自动分级，且不易堵塞筛孔。

④平面回转运动。筛面在水平面内作轨迹为圆的平动，物料在筛面上作圆周运动或螺旋运动（图4-2d）。平面回转筛面能促进物料的自动分级，物料在筛面上的相对运动路线较长，且物料所受的水平惯性力的方向在360°内呈周期性变化，因而不易堵塞筛孔，筛选效率也比较高。

⑤旋转运动。筛面呈筒状，绕一水平或倾斜轴旋转。物料在筛筒内相对于筛面滑动（图4-2e）。旋转筛面的工作面积仅为整个筛面的1/8～1/4，因此筛面的利用率低。

（4）筛选的应用

筛选是利用物料间粒度的不同进行除杂或分级的，因此，凡是在粒度上有差异的物料，均可采用筛选的方法进行分离。在杂粮的加工过程中，筛选除用于清理原粮中的杂质以外，也常用于制品（已脱壳子粒与未脱壳子粒混合物、糠秕混合物、出机米等）分级。

3. 比重分选法

比重分选法是根据物料之间相对密度、容重、摩擦系数以及悬浮速度等物理性质的不同，利用物料在运动过程中出现的自动分级现象，借助适当的工作面进行分选除杂的。

依照所使用介质的不同，比重分选法可分为干法和湿法两种。干法比重分选以空气为分选介质，利用物料之间的相对密度、容重、摩擦系数以及悬浮速度的不同进行分选；湿法比重分选以水为分选介质，利用物料之间相对密度、沉淀速度等的不同进行分选。

比重分选对于粒度相近而相对密度、摩擦系数及悬浮速度等方面相差较大的物料有较好的分选效果。目前在谷物加工厂，比重分选法主要用于去除并肩石（与谷物粒度相近的石子）、谷糠分离、谷物比重分级和玉米提胚等工序。

4. 精选法

在谷物的清理除杂过程中，根据物料颗粒长度和形状的不同，利用专门的机械从整粒谷物中分离出杂草种子、异种粮粒及碎粒的方法称为精选法。如在燕麦除杂中清除大麦、小麦、小粒燕麦及碎燕麦等；在成品整理中分级，分离出不同粒度的碎粒。精选法在杂粮加工中主要用于长度分级。

长度分离是根据物料间长度的不同，利用具有一定深度袋孔的器械将其分离的方法。较短的籽粒可以嵌入袋孔被带走，较长的籽粒则不能嵌入袋孔，从而达到将长粒与短粒分开的目的。用于长度分离的具有一定深度袋孔的器械有碟片与滚筒两种，相对应的设备分别为碟片精选机和滚筒精选机。

5. 磁选法

根据物质磁性的不同，利用磁力分离混入粮粒中的磁性金属杂质的方法称为磁选法。磁选设备的主要工作元件是磁体，每个磁体都有两个磁极，磁极周围空间存在磁场，任何导磁性物质（铁、钴、镍元素及其合金，一些锰的化合物，稀土元素及其合金）在磁场内都受到磁场的作用力。粮粒通过磁场时，由于粮粒为非导磁性物质，在磁场内能自由通过，其中的磁性金属杂质则被磁化，同磁场的异性磁极相互吸引，从而与粮粒分开。

磁体有永久磁体和暂时磁体之分。暂时磁体通常称为电磁铁，可根据需要进行设计，能产生很强的磁力，可用于分离弱磁性杂质，但是需要激磁电源，装置结构复杂，且容易发热，维护不便，所以粮食加工厂的磁选设备多采用永久磁体，以组成开放式磁系，产生磁场。所需的磁场不仅要有足够的磁场强度，还要有一定的不均匀性，即具有一定的磁场梯度，这样才能产生足够的磁场力。

粮粒从收获到加工要经过许多环节，在这些环节中往往会混入铁钉、螺钉、垫圈、螺母等金属物。这些金属物如不及时清除，随粮粒进入高速运转的机器，将会严重损坏机器部件，甚至会因碰撞摩擦而出现火花，造成粉尘爆炸事故。同时，在加工过程中，机器零部件损坏或者氧化，也会产生一些金属碎屑或粉末。这些杂质混入成品，会危害人体健康；混入副产品，作为饲料，会妨碍牲畜的饲养。磁选法主要用于清除粮粒和成品中的磁性金属杂质，以保证生产安全和产品质量。

粮粒通过磁选，磁性金属杂质去除率大于95%。成品通过磁选，应达到相应的规定指标，对面粉来说，国家规定每1千克含磁性杂质不得超过3毫克。

6. 打击与撞击

打击是根据粮粒与杂质的强度不同，在具有一定技术特性的工作筛筒内利用高速旋转的打板对粮粒进行打击，使粮粒与打板、粮粒与筛筒、粮粒与粮粒之间反复碰撞和摩擦，从而达到使粮粒表面杂质与粮粒分离的目的。

撞击是利用高速旋转的转子对粮粒进行撞击，粮粒与撞击圈之间以及粮粒之间反复碰撞和摩擦，达到使粮粒表面杂质与粮粒分离的目的。

打击与撞击主要用于麦类杂粮的表面清理和玉米脱胚。

7. 碾削清理

碾削清理是利用碾削作用对粮粒表面进行清理的方法。粮粒表面的泥灰等杂质与粮粒的结合强度较低，且表皮有一定的韧性，借助高速旋转的粗糙工作构件对粮粒进行碾削、摩擦，可使粮粒表面黏附的泥灰等杂质和部分皮层被碾去，达到碾削清理的目的。

二、杂粮初加工调质处理

杂粮加工的基本工序都是物理过程，不同的杂粮加工工艺对杂粮的品质和水分含量要求也不同。杂粮在品种、水分含量及品质等方面差别很大，这些差别对杂粮的加工工艺和产品质量的影响也很大。为了使杂粮更适于加工，满足产品质量的要求，必须运用科学的方法对原料进行预处理，如水分调节、蒸汽调节、干燥处理等。通过水热处理改善杂粮加工品质和食用品质的方法称为杂粮的调质。

（一）基本原理运用

1. 杂粮的吸水性能

杂粮的吸水性能是进行水分调节的基础，由于粮粒各组成部分的结构和化学成分不同，其吸水性能也不同。胚和皮层纤维含量高，结构疏松，吸水速度快且水分含量高；胚乳主要由蛋白质和淀粉粒组成，结构紧密，吸水量小，吸水速度较慢。因此，水分在粮粒各组成部分的含量分布是不均匀的，其中胚的水分含量最高，皮层次之，胚乳的水分含量最低。

蛋白质吸水能力强，吸水速度慢，淀粉粒吸水能力弱，吸水速度快，故蛋白质含量高的粮粒具有较强的吸水能力并需较长的调质时间。在进行调质处理时，应根据粮粒的内在品质和水分含量高低，合理选择调质方法和调质时间。

2. 水热传导作用

杂粮颗粒是一种毛细管多孔体，在毛细管多孔体中，水分总是由水分高的部位向水分低的部位扩散转移。在热的作用下，水分转移的速度会明显加快，这种水分扩散转移受热影响的现象，被称为水热传导作用。杂粮调质就是利用水分扩散和热传导作用达到水分转移目的。水分的渗透速度与温度有直接关系，加温调质比室温调质更迅速、有效。

3. 杂粮颗粒组织结构的变化

调质过程中，杂粮的皮层首先吸水膨胀，然后糊粉层和胚乳相继吸水膨胀。由于三者吸水顺序、吸水量及膨胀系数不同，三者之间会发生微量的位移，从而削弱三者之间的结合力，使胚乳和皮层易于分离。胚乳中蛋白质与淀粉粒的吸水能力、吸水速度不同，膨胀程度也不同，导致蛋白质和淀粉颗粒之间发生位移，使胚乳结构变得疏松，强度降低，便于碾皮或研磨成粉。

（二）调质处理作用

杂粮的调质处理，就是通常所说的对杂粮进行着水和热处理的过程，即利用水、热的作用，使杂粮的水分重新调整，改善其物理、生化和加工性能，以便获得更好的工艺效果。

第一，利用皮层、胚、胚乳吸水速度的不同，在杂粮加工过程中分离三者。在杂粮的干法加工中，脱皮和脱胚十分重要。如果不进行水汽调质，则脱净皮层和胚芽比较困难。而杂粮加工过程中是否将皮层和胚芽脱干净，将直接影响杂粮加工产品的质量。用水蒸气湿润籽粒，可增加皮层和胚的水分含量，造成与胚乳的水分差异，使皮层韧性增加，与胚乳的结合力减小，容易与胚乳分离，胚乳易被粉碎。而胚在吸水后体积膨胀，质地变韧，在机械力的作用下易于脱下，并能保持完整。水蒸气能够提高湿度，加快水分向皮层和胚乳渗透的速度，缩短调质时间。

玉米的原始水分含量在14.5%以下时，胚的水分含量较小，胚部、胚乳、皮层结合比较紧密，而且皮脆，不易脱掉，胚的韧性差，容易破碎。水汽调节的目的在于改善玉米的加工性能。玉米水分含量在16%～18%时，适于脱皮、脱胚。玉米加水（汽）后，要在仓内存放一定时间，使玉米胚吸水膨胀，增加其韧性，使皮层与胚、胚乳的水分含量有一定差异。玉米在仓内静置的时间根据玉米粒质来确定，一般需静置1～2小时。

第二，钝化杂粮中的酶活力，使产品具有较长的保质期。杂粮加工过程中损伤了细胞壁，使脂肪酶活性增强，易与底物作用，如果不经过钝化，会使杂粮籽粒或麦片酸败。故水热处理的目的之一在于钝化脂肪酶，使产品具有较长的货架期。

以燕麦为例，其水热处理包括两次调质。一次调质工序主要有3个作用：首先是酶的热失活，其次是强化燕麦的可塑性，最后是使麦粒部分熟化并改善表面色泽。燕麦在清理过程中损伤了细胞壁，产生一定量的脂肪分解酶，如不及时处理，会在短时间内酸败，同时缩短了最终产品的货架寿命。根据酶的热失活特性，采用高温短时间的灭酶方法，使酶失去活力，实现延长产品的保质期的目的，是一次调质的关键。利用酶在热失活过程中释放的能量来增加燕麦的可塑性及表皮色泽，提高了能源的综合利用率，降低了加工成本，创造了最大的产品附加值。通过一次调质后的燕麦粒宏观上具备一定的韧性，其表面微黄，有麦香味，达到切粒所需的湿度及水分含量。

第三，使淀粉糊化、纤维软化，提高加工产品的消化率。以燕麦为例，燕麦在加工时进行调质处理的目的在于利用水、热的作用使麦粒淀粉完全糊化，使膳食纤维充分软化，使物料具有一定的韧性和水分含量，同时也可以提高其消化率，为后面的碾米、制粉、制麦片等工艺过程创造良好的条件。该工序是整个工艺过程的关键控制点，直接决定最终产品的质量指标。

第四，降低杂粮籽粒中有害成分的含量，提高加工产品的适口性。高粱制粉过程中的调质处理不仅可增加皮层的韧性，削弱皮层与胚乳的结合力，还可以降低高粱籽粒中单宁和红色素的含量，利于食用和人体消化。

第三节　山西特色杂粮加工产业发展与科技支持

一、山西糜黍加工产业

糜黍起源于中国，是山西重要的旱地作物之一，分布极其广泛。根据旱涝、丰歉年景不同，种植面积弹性很大，其中大同市、朔州市、忻州市常年播种面积超过 10 万公顷。山西中东部地区以米粒呈糯性的黍子为主，晋西北特别是黄河流域地区以米粒呈粳性的糜子为主。

糜黍生育期短，耐瘠薄，具有很强的抗逆性和适应性，是最抗旱的禾谷类作物之一，在干旱半干旱地区的粮食生产中占有举足轻重的地位。糜黍产量水平和种植效益低且不稳，由于种植相对分散，产业组织化程度和技术水平低，规模化经营不够，不能为深加工提供充足、稳定的原料保证，是限制深加工规模扩大的重要原因。

（一）山西糜黍加工产业现状

糜黍是小宗作物，种植分散、消费区域性较强、大众化程度低等因素导致糜黍种植和加工的经济效益普遍不高，对糜黍产业化发展的带动力不足。现阶段糜黍以原粮或粗加工产品消费为主，产业链延伸不足，商品程度低，流通性差。

从全国范围看，糜黍基本处在粗放经营状态，大型加工企业少，深加工研究更少，且产品比较单一，工业化、市场化程度很低。以小作坊生产为主的糜黍加工产品质量参差不齐，严重影响糜黍食品的口碑，难以形成规模支撑，不能有效带动糜黍整体产业发展。

近年来，随着世界杂粮热的兴起和各级政府对杂粮产业化支持力度的加大，山西糜黍加工业得到较好的发展，形成了以代县黄酒为代表的糜黍酿造产业群。但糜黍特色产品与主食产品大多为原粮和粗加工产品，除精制黄米、黄米面、炒米和酿酒外，也有一定品种的糕类、粥类等即食休闲食品，以及方便粥、饮料、乳品、锅巴等产品，局限于传统的消费方式，技术成熟度、原粮转化量、深加工规模与前景均不能适应产业发展要求，特别是大众化、主食化、特色化产品的开发与综合利用、储藏保鲜等共性技术的缺乏，是制约糜黍全面进入主流消费市场的重要因素。

忻州市是山西糜黍的重要生产基地，其加工流转情况具有较强的代表性，糜黍一般以自有消费为主，商品率不高且以当地消费为主。全市仅东部地区的代县黄酒和繁峙县糕面加工初具规模，其他县仅有少部分的加工作坊，规模和品质有限。黄河流域的糜子则多用于制作家庭食用的酸饭。

（二）糜黍加工产业发展潜力

1. 发展糜黍产业与有机旱作和功能农业战略高度契合

山西地处黄土高原，境内沟壑纵横，地貌以山地、丘陵、高原、盆地、台地等为主，全省旱地 4 225.00 万亩，占比 72.79%。糜黍作为旱区稳产作物和山西杂粮的重要组成部分，在众多产区的粮食生产中具有不可替代性。

习近平总书记 2017 年视察山西时指出，山西的现代农业发展，要打好特色优势牌，要立足优势，扬长避短，突出"特"字，发展现代特色农业。有机旱作是山西农业的一大传统技术特色，要完善有机旱作农业技术体系，使有机旱作农业成为我国现代农业的重要品牌。山西省委、省政府已将发展有机旱作和功能食品（农业）列入省级战略，将充分挖掘糜黍的功能营养和生产潜力，进一步借助乡村振兴战略机遇，发展特色功能型糜黍产业可谓尽占天时、地利和人和。

2. 糜黍是药食同源的营养保健作物

黄米中蛋白质含量相当高，特别是糯性品种，含量在 13.6% 左右，最高可达 17.9%。糜子籽粒中人体必需的 8 种氨基酸含量均高于小麦、大米、玉米，尤其是蛋氨酸，每 100 克小麦、大米、玉米中的含量分别为 140 毫克、147 毫克、149 毫克，而糜黍为 299 毫克，是小麦、大米和玉米的 2 倍多（柴岩，2009）。

有研究表明，糜黍的蛋白质对不同品种的大、小鼠有预防动脉粥样硬化和肝损伤的功效，糜子提取物对 HMG-CoA 还原酶有显著的抑制作用，而此酶为人体内胆固醇合成的限速酶，对这种酶的抑制作用说明此提取物有可能开发为降血脂保健食品。糜子有滑润散结之功效，且取材方便、价格低廉、服用简单、无毒副作用，在急性乳腺炎的治疗中应用效果很好，疗效佳，值得推广应用。糜子酒有温中散寒、舒筋活血、健脾暖胃、壮阳健肾、养颜益容、延年益寿等功效。炒过的糜米可以醒脾开胃、止燥渴、利小便，还可改善摄取动物蛋白过量的膳食结构，减少慢性疾病发病率。深入研究和开发糜黍的保健功效，具有一定的学术价值，可带来一定的经济效益。

3. 糜子有独特的加工利用基础

糜黍是传统的制米作物，黄米及其加工制品是产区人民的主要口粮和保健食品，产区人民长期以来有吃黄米饭、油炸糕和炒米的习惯。糜黍也是传统的制酒原料，产区有酿制黄酒的习惯，但以自酿自用为主。糜黍可以制作多种小吃，风味各异、色形俱佳、营养合理、食用方便，制作历史悠久，如豆包、炸糕、枣糕、年糕、清真酥香糖、汤团、粽子、摊花、煎饼、窝窝、火烧、油馍、酸饭、糜子粉、炒米、糜面杏仁茶等，展现出糜黍特色食品大众化开发的广阔前景。

大同、朔州和忻州等地的加工企业和酿造企业，通过对精制黄米、黄米面、炒米酿酒等产品进行档次提升与技术升级，逐步突破原粮包装和粗加工的制约，在拓展区域性美食消费群体等方面取得了可喜进展。

（三）糜黍加工产业升级的技术支持

糜黍加工品质基础数据缺乏，加工特性研究滞后，共性与关键技术研究基本处于起步探索阶段，深加工产品大多为单项技术的研究开发成果，难以从根本上突破传统消费群体与消费地域的局限。当前急需将传统技术与生物工程、现代食品加工等高新技术进行有机结合，集成糜黍高效利用技术，更需要创建高效运行的规范化技术支撑体系，形成合力助推糜黍产业化发展。

1. 糜黍加工特性与品质

从国内现有糜黍研究资料来看，"十五"以前的研究主要集中在高产、多抗的新品种选育和栽培管理技术开发等方面。近年来，深加工专用品种的选育与评价开始引起科技界关注，但多限于不同栽培环境下的生态因子对蛋白质等营养因素的影响。在已经开展的糜黍加工品质评价研究方面，主要参照优质大米和标准小麦粉等大宗粮食作物的评价标准，不能充分体现糜黍的特点和优势，同时缺乏系统性的研究。现阶段需要全面了解不同产地、不同品种的糜黍原料品质与加工产品品质的关系，通过研究加工适用性，建立加工品质的评价指标和方法体系，为育种、生产、功能营养食品的开发与加工提供科学依据，同时作为有机衔接各个环节的纽带。

2. 糜黍食用品质改良研究

糜黍与多数杂粮一样，都具有口感差的缺点，需要通过基础研究了解贡献食品风味与功能特性的食品组分及其相互作用；对食品加工前后的感官品质进行测定评价，预测与评价食品营养、感官与加工品质；深入研究并了解蛋白质、淀粉、纤维素、脂肪等生物聚合物的流变学、相互转变行为与加工工艺、产品品质之间的关系。

3. 糜黍功能营养挖掘与利用研究

针对糜黍的传统功效，结合现代科学技术，研究其作用物质和机理，并进行功能成分分离、提纯、检测，开展疗效和安全性试验，进一步确定其生物效率、保健作用及减少慢性疾病危害的作用机理，可利用新工艺、新技术开发为应用于营养强化产品及主食化、特色化食品生产的新型配料，为高附加值加工利用提供支撑，以较好地满足目前的市场需求。

4. 糜黍主食功能提升与大众化发展

糜黍的主要市场在食品市场，而食品市场中最大的份额是大众化和主食化消费。从发展趋势看，大众化、主食化、特色化消费不仅要求有较高且均衡的营养水平，更要满足方便、安全、适口等不同消费需求。针对糜黍加工工艺特殊、口感粗糙等突出问题，集成功能性主食化、特色化产品加工技术是实现资源高效利用的重要方向。目前，在传统主食加工中，糜黍一般只用作配料，需要解决加工过程中的营养保持问题，同时依靠农产品加工装备技术进步，采用现代生物技术和食品加工技术，通过研究开发淀粉与蛋白质改性修饰、复配技术，以传统面食制品、烘焙食品、发酵食品等大众化主食产品和市场为载体，逐步形成加工转化的主渠道。

5. 糜黍特色食品标准化生产技术

以功能性、市场化为目标，提升糜黍特色产品与传统产品深加工技术水平：一是借鉴"原产地"保护工作经验，挖掘糜黍传统名吃、风味小吃、历史名牌产品的文化内涵，应用现代食品加工工艺，提升产品档次并研发形成机械化、标准化生产技术，以工业化生产推动传统食品的市场化；二是加快糜黍大众化新型功能产品开发，饮料、乳品、方便粥等产品已初步改变了传统杂粮消费方式，通过技术嫁接和产品形式创新，对扩大糜黍市场消费总量具有积极的促进作用。

二、山西老陈醋加工产业

山西老陈醋是我国北方最著名的食醋，以独特风味驰名全国，深受消费者欢迎。山西老陈醋以优质高粱为酿醋主料，以大曲为糖化剂、发酵剂。

老陈醋的发酵过程：先后经过低温长周期的酒精发酵阶段和高温醋酸发酵阶段，生成香味成分和不挥发性有机酸；将一半成熟醋醅熏醅，另一半直接淋醋，淋出的醋液浸泡熏醅，再淋出的熏醋称为新醋；淋得的新醋经三伏一冬的夏日晒、冬捞冰的陈酿老熟工艺，最终得到质地浓稠、醋味醇厚，久无沉淀、不变质的老陈醋。经常食用老陈醋，能帮助消化、增进食欲，有益于人体健康。

地理标志产品保护范围为国家质量监督检验检疫主管部门批准划定位于山西省中部，处于北纬 37°16′—38°02′、东经 122°18′—113°10′ 之间的区域，即太原市清徐县、杏花岭区、万柏林区、小店区、迎泽区、晋源区、尖草坪区、晋中市榆次区、太谷县、祁县。

山西老陈醋的国家标准从色泽、香气、滋味、体态 4 个方面对山西老陈醋的感官特性作了规范，具体内容如下。

第一，色泽特性表现为深褐色或红棕色，有光泽。

第二，香气特性表现为以熏香为主体的特殊芳香、酯香、陈香复合，和谐，香气持久，空杯留香。

第三，滋味特性表现为食而绵酸，口感醇厚，滋味柔和，酸甜适口，味鲜，余香绵长。

第四。体态特性表现为体态均一，较浓稠，澄清，允许有少量沉淀。

（一）山西老陈醋产业优势

1. 积淀文化底蕴，传承工匠精神

山西醋文化传承 3 000 多年，山西老陈醋品牌也有近 600 年的历史——1368 年，"美和居"制醯坊成立，在白醋变黑醋的工艺变革中开启了山西老陈醋的辉煌历史。深厚的文化积淀使山西老陈醋成为"中国四大名醋"之首，并且在历史的长河中引领山西食醋产业不断进步。

一代代酿醋人在对山西老陈醋进行工艺改良的过程中，积累了丰富的酿造经验，他们以严谨、踏实的态度精选、细作，好酿醋、酿好醋，这正是工匠精神的缩影。目前，山西老陈醋的生产方式正在向机械化、自动化方向发展，旨在促进生产效率和产能大幅提高。在继承传统工艺的基础上，不断创新生产技术，也是对工匠精神的敬畏和传承。

2. 营养因子丰富，打造功能亮点

一直以来人们对山西老陈醋的营养功能关注度很高，专家学者和行业专业技术人员对其营养成分的研究也比较多，普遍认为山西老陈醋含有 18 种氨基酸以及其他的营养因子。2014 年 10 月开始执行的国家标准 GB/T 19777—2013 里除了参照酒的检测方法制定的指标外，增加了两项功能性指标（信亚伟等，2015）——总黄酮和川芎嗪。

黄酮作为预防和治疗心脑血管疾病的有效物质，对人体健康有极大好处，市场行情也非常好，售价极高。川芎嗪是一个鲜为人知的概念，但是川芎还是比较常见的，作为一种中药材，具有良好的舒缓肝硬化的疗效。综合看来，川芎嗪和总黄酮两项指标的加入丰富了山西老陈醋的营养健康内涵，对山西老陈醋的宣传无疑是锦上添花，不仅提高了产品标识度，还提升了产品档次。

3. 地理标志保护傍身，净化竞争环境

山西老陈醋是国家非物质文化遗产，近年来国家对其采取了一系列保护措施。

2004 年，国家质量监督检验检疫总局发布第 104 号公告，批准通过了山西老陈醋原产地域产品保护申请，对山西老陈醋实施原产地域保护，并将拥有 6 000 多年酿造传统文化、600 多年品牌优势的山西老陈醋列为国家原产地域保护产品，后来更名为地理标志保护产品，山西老陈醋被正式注册登记为地理标志保护产品专用标志。

2008 年，国家质量监督检验检疫总局批准了第一批 17 家食醋生产企业使用地理标志保护产品专用标志的申请（2008 年第 57 号公告），其中太原市 9 家，分别为山西老陈醋集团有限公司、山西六味斋新源醋业有限公司、太原市宁化府益源庆醋业有限公司、太原功能食品厂、山西紫林食品有限公司、山西水塔老陈醋股份有限公司、山西来福老陈醋集团有限公司、山西清徐王氏醋业有限公司、山西清徐金华醋业有限公司；晋中市 8 家，分别为山西恒顺老陈醋有限公司、榆次怀仁春润酿造厂、晋中开发区四明楼陈醋厂、山西太谷通宝醋业有限公司、晋中市格万老陈醋有限公司、榆次灯山井酿造有限公司、山西陈世家酿业有限责任公司、山西四眼井酿造实业有限公司。2010 年，国家质量监督检验检疫总局公布了第二批批准使用山西老陈醋地理标志保护产品专用标志的企业名单（2010 年第 16 号公告），新增山西新源盛世醋业有限公司等 13 家食醋生产企业。同年 9 月，国家质量监督检验检疫总局公布了第三批批准使用山西老陈醋地理标志保护产品专用标志的企业名单（2010 年第 102 号公告），新增晋中市怀仁荣欣酿造厂等 11 家食醋企业。2012 年 5 月，国家质量监督检验检疫总局公布了第四批批准使用山西老陈醋地理标志保护产品专用标志的企业名单（2012 年第 70 号公告）。2013 年，国家质量监督检验检疫总局公布了第五批批准使用山西老陈醋地理标志保护产品专用标志的企业名单（2013 年第 22 号公告），含山西老香醇食品有限公司等两家企业。同年 4 月，国家质量监督检验检疫总局公布了第六批批准使用山西老陈醋地理标志保护产品专用标志的企业名单（2013 年第 56 号公告），新增太原市尖草坪区食品酿造一厂等两家企业。2013 年 12 月，国家质量监督检验检疫总局公布了第七批批准使用山西老陈醋地理标志保护产品专用标志的企业名单（2013 年第 165 号公告），新增山西金醋生物科技有限公司等两家企业。

截至 2017 年 9 月底，在山西老陈醋地理标志保护生产区域批准使用地理标志保护产品专用标志的核准企业共计 49 家（郑娜，2016）。

山西省委、省政府非常重视食醋产业的发展和振兴，先后推出了若干促进醋产业发展的政策条例，从 2009 年先后制定并发布《山西省食品产业调整和振兴规划》（晋政发〔2009〕1165 号）和《关于促进山西醋产业加快发展若干意见的通知》（晋财建〔2009〕5024 号）（简称"醋八条"），为食醋产业发树立信心；到 2001 年发布《食醋生产企业生产环境卫生规范条例》，培训加强全省食醋企业生产环境卫生规范；再到颁布山西老陈醋质量标准、生产工艺规范、质量品评标准，以各项标准条例规范食醋生产，为促进山西醋业的工艺提高、品质提升、产能提量、品种优化做了大量工作。

（二）山西老陈醋当前的发展现状

1. 醋企产业集中度低，不联合、多分散

山西食醋企业总体的专业度较高，在企业产品定位方面比较准确，都以老陈醋、陈醋和米醋为主要产品，以果醋、保健醋、醋饮料等为辅助产品，区域内消费群体的认可度良好，但在产业集群化方面集中度明显欠佳。

山西醋企多分布于地理标志产品保护区域划定的范围，包括太原市的清徐县、杏花岭区、万柏林区、小店区、迎泽区、晋源区、尖草坪区和晋中市的榆次区、太谷县、祁县。此外晋东南分布较多，包括高平市、运城市等，晋北地区也有一些醋企分布，以雁北特色苦荞醋为主打产品。宏观看来，醋企的分布相对紧凑，各地醋企规模不一，以中小企业甚至小微企业居多，家庭手工作坊式的生产也一直在进行，食醋产品主要供应本地及周边地区消费。一些具有一定规模的食醋企业未建立良好共赢机制，竞争大于合作，各自分摊省内食醋消费市场，没有正面冲突但也没有联合的倾向，山西食醋产业集群不具备足够的实力打开外围市场，在全国市场上缺乏竞争力。

2. 技术实力有待加强，研发弱、创新少

山西食醋产业在技术生产方面一直沿用传统的工艺流程，关键环节多凭技术人员的感官体验和生产经验，缺乏统一的量化标准，每一批次生产的醋品品质均有偏差，而且生产效率不高。少数大企业引进了先进的机械设备来代替一些人工生产环节，机械效率高，但醋品风味和口感又难以与传统保持一致。人工酿造和机械生产的平衡点很难把控，直接制约着食醋企业的生产效率和产品品质的提升。

在食醋产品研发方面，山西没有官方的研究机构，社会群体或行业协会的研究能力尚难以建立专业的研究中心，老陈醋关键技术联盟也只能在某些方面给予技术支持，缺乏全面性、系统性和完备性。各级科研院所的技术研发人才资源匮乏，科研院所分布比较分散，同时局限于落后的研究手段，难以高效率、高品质地满足各大醋企的研发需求。就醋企个体而言，大部分企业研发部门设立时间较短，人员配备不足，技术和经验缺乏，高级的专业研究人员更是严重匮乏，企业总体研发能力孱弱，不足以支持自身的发展需求。

（三）山西老陈醋发展标准

1. 加强各项标准的修订工作

在打造山西老陈醋产业品牌的基础建设工程中，行业规范和生产标准的约束作用不可忽视，虽然现行的标准已经具备一定的约束力，但要促进食醋行业更好、更快地健康发展，仍需要具有相应学术、研究能力的协会、学会、商业联合会等多种社会组织共同努力，继续加强各项细化标准的制定与修订工作。

继续壮大山西老陈醋产业技术创新战略联盟的成员队伍，吸纳优秀的行业领导者、先锋军以及研究能力强大的个人、集体和组织加入联盟，共同制定更多更高质量的标准，为山西老陈醋产业市场提供多项选择。这一系列标准的实施将为山西老陈醋产业的健康发展和安全生产提供保护和防御屏障，也相当于加固了山西老陈醋产业的市场进入壁垒。

此外，对山西老陈醋的品牌建设应探索培育出一套完整的理论评价体系，包括品牌研发基础理论、品牌价值评价、品牌生命周期发展指数等细化指标和研究内容，对内利于食醋企业建立信心，对外可以通过发布客观公正的山西老陈醋品牌价值评价参数，逐渐提升醋产品的市场地位和消费公信力。

2. 引导食醋企业健康发展

第一，以创新发展为核心，实现食醋行业内工艺参数、技术水平、业态管理协同发展；加大科技研发力度，重点突破和发展关键共性技术，促进食醋产品的价值链跃升。

第二，发挥规模以上企业和区域龙头醋企的引领作用，激励和带动小微企业实现良性、健康发展并延伸产业链条；以龙头企业或山西老陈醋这一优势产品为集聚核心，培育和创建食醋产业集聚区，重点支撑全省食醋行业的发展，强化产业集聚，降低市场对原料、辅料和产品技术等的调控作用，进而降低企业生产经营成本，提升产业集聚区食醋企业的竞争力。

第三，与醋业上、下游产业统筹协调，全面把控食醋产品的生产质量与数量，促进食醋酿造原料、辅料供应行业发展和食醋生产废弃物料的循环有序利用，实现全产业链协同发展。

第四，坚持食醋产业的绿色发展和安全发展，一方面，指导食醋企业引进、应用节能环保工艺设备和生产技术，提高物料资源和各项能源的有效利用率，增强企业的可持续生产动力；另一方面，引导和督促食醋企业坚持安全发展，以质量把控为基本原则，重点建设全面覆盖产品生命周期的质量监督管理办法，并建立完善的产品质量安全追溯体系，切实保障企业健康、有序、长远发展。

3. 引导食醋产业链条延伸

山西老陈醋产业在实现全产业链发展的过程中，应以需求为导向，推动生产型食品制造向服务型食品制造转变，尤其注重食醋产业下游产业链的延伸和开发。

第一，生产废弃物的再利用。随着食醋产业的发展，醋产业下脚料堆积现象严重，对气候环境、水资源造成的压力比较大，醋糟再利用已经成为必须考虑的问题。醋糟的用途很多，可以直接用作饲料或发酵后生产生物饲料，可以制作有机肥源，可以成为食用菌栽培的有效基质。已有的主流研究和应用方向主要为食用菌栽培和生物饲料生产。一方面，醋糟含有丰富的铁、锌、硒、锰等微量元素，而且持水性和透气性较好，可代替或部分代替食用菌栽培原料，目前广泛应用于木腐菌栽培，具有较好的增产、增效作用，适宜品种为鸡腿菇、竹荪、金针菇、白灵菇、猴头菇、平菇等；另一方面，可用经由一系列试验筛选出的高产纤维素酶、木聚糖酶、类胡萝卜素的好食脉孢菌等有益微生物发酵醋糟，开发富含高营养菌体蛋白与类胡萝卜素的功能羊饲料。这些试验研究和应用方向都为醋糟等下脚料的无害化处理及高效利用提供了新的思路与技术。

第二，依托山西老陈醋生产基地等产业集聚区，建设生产性服务业公共服务平台，鼓励产业链上、中、下游制造企业与服务企业共享基础设施、人才、技术等资源要素，实现信息互通、优势互补、共赢发展。

第三，实施全产业链的服务业态建设与发展战略，包括针对食醋企业生产环节的融资租赁、检验检测、节能生产、低碳环保物流、品牌建设与形象宣传等，以及定位科技服务的科技咨询、创业孵化、人才培养、企业或产品知识产权保护、食醋产品研发设计等策略。通过联合互联网信息经济发展，借助电子商务移动客户端、网络营销线上线下服务等渠道，创新食醋生产和销售等环节涉及的企业的商业模式，实现食醋产业的业态延伸和创新协同发展。

第四节　山西杂粮文化产业现状及发展

一、山西汾酒文化产业发展

山西的汾酒是中国"十大名酒"之一，有4 000多年的悠久历史，以清澈干净、清香纯正、绵甜味长即"色香味三绝"著称于世，被誉为"中国千年酒文化之魂"。但汾酒集团对山西汾酒的文化挖掘力度还不够，使近几年山西汾酒品牌未能被大众普遍接受，普及程度不仅较老牌名酒贵州茅台、泸州老窖等相去甚远，还被洋河等品牌赶超。

当前对汾酒的宣传非常简单，尤其是对酒文化的发掘，仅用了"借问酒家何处有，牧童遥指杏花村"的典故，其精妙的酿造工艺、独特的风味品质、丰富的风气民俗被忽略，使人们对山西汾酒的品牌认识淡薄。再加上品牌盗用现象严重，汾酒市场混乱，产品区分度低下，人们对汾酒的认识有限，导致冒牌产品频出。

（一）汾酒文化的发掘

山西汾酒为中国"十大名酒"之一，其历史文化内涵丰富，需要从山西汾酒的历史遗迹、酿造工艺、风味特色、民俗风气4个方面发掘其文化特征。

1. 历史遗迹

山西汾阳市杏花村是汾酒的发祥地。在汾阳市几处仰韶文化遗址中都出土了用于原始发酵酿酒的小口尖底瓮，表明远在6 000多年前，当地就已形成以农业为主的定居生活，并开始早期的酿酒活动。山西汾酒经历殷商、西周、春秋战国、秦汉、魏晋的多年发展与演变，至南北朝时终以"汾清酒"赫然成名。

山西汾酒以"汾清"之名为人们所熟知的同时，其再制品"竹叶酒"也赢得了人们的盛誉。梁简文帝肖纲有"兰羞荐俎，竹酒澄芳"的诗句；北周文学家庾信在《春日离合诗二》中有"三春竹叶酒，一曲鹍鸡弦"的名句。"汾清酒"与"竹叶酒"的成名，使山西汾酒历隋、唐、宋、元而不衰，称雄中国酒坛800余年，被人们称为"干和酒""干酿酒"或"干醑酒"。

"汾酒之乡"杏花村成名于唐代，在当时是北方军事中心太原通往皇都西安的必经之地，文武百官、吟游诗人路经此地都要知味停车、闻香下马，来小酌两杯，汾酒的影响力可见一斑。销量的增长推动汾酒制造工艺的发展趋于成熟，经州令传入朝内试饮，品味绝佳，"干和酒"遂成为朝廷的贡酒。宋代的杏花村酒家林立，产销两旺，酒旗高挂。元代酿造白酒的工艺发生了较大变化，杏花村在宋代发展起来的"羊羔酒"经过工艺改革，成为酒中佳品。

民国年间山西汾酒形成统一的品牌——"义泉涌"，形成了"人吃一口锅，酒酿一泉井，铺挂一块牌"的品牌特色，杏花村地区形成了"一道街、一片铺、一东家"的"三一"局面格局。在此期间，山西汾酒获巴拿马太平洋万国博览会甲等金质大奖章，注册了中国白酒业的第一枚商标。

2. 酿造工艺

山西汾酒作为中国"十大名酒"之一，享誉千载而盛名不衰，这和汾酒造酒使用的水、酿造工艺分不开。水质是决定白酒风味和品质的主要因素之一，杏花村地区优质的泉水资源丰富，当地的地下水为松散岩类孔隙水，富含锌、钙、镁等元素，具有非常好的保健作用，有利于高质量汾酒的生产。《汾酒曲》中有"申明亭畔新淘井，水重依稀亚蟹黄"的诗句，意思是用申明亭的井水酿造出来的白酒品质绝佳，斤两独重。明代爱国诗人傅山先生曾为申明亭古井题词，称其井水"得造花香"。杏花村的水源条件得天独厚，故而酿造的美酒如花香一样沁人心脾。

山西汾酒的原材料为晋中平原著名的"一把抓"高粱，辅材是用豌豆、大麦经糖化制成的发酵剂。酿造工艺方面采用了山西独特的"清蒸二次清"方法，将大麦、高粱等原料在特定生态条件下一同发酵，形成了完整的技术体系。其中，人对时间和火候的把控是酿制优质白酒的关键因素，尤其在发酵、制曲、蒸馏等工艺环节中起到至关重要的作用。中国著名发酵专家方心芳总结出汾酒酿造工艺的七大秘诀："人必得其精，水必得共甘，曲必得其时，高粱必得其真实，陶具必得其洁，缸必得其湿，火必得其缓"。

3. 风味特色

山西汾酒是清香型白酒的典型代表，酒液清澈透明、清香雅郁、优雅纯正，素以入口绵、落口甜、饮后余香、回味悠长的特色著称。山西汾酒曾得到过毛泽东主席的青睐。1959 年，毛泽东主席会晤老战友贺子珍时，斟了一盅山西杏花村老白汾酒，微笑着对贺子珍说："我还是这个习惯，酒要喝的，但不多喝，汾酒很纯正，我爱喝……"毛主席的一语"纯正"道出了山西汾酒独有的口感特色。正是凭借这种纯正的风味品质，山西汾酒赢得了历代文人骚客的盛赞，也深受广大人民群众喜爱。

4. 民俗风气

民俗风气是酒文化的一种重要的表现形式。随着汾酒的普及与推广，汾酒文化逐渐成形，被越来越多人接受。汾酒是各类庙会活动中的主要角色之一。在宋代，中国社会文化和经济的发展已具有相当高的水平，当时的白酒被人们称为"欢伯"，饮酒活动不分贵贱，诸多少数民族也开始举办各类品酒活动。这是汾酒大发展的时期，也是汾酒文化史上的盛世之一。当时杏花村一带酒家林立，每逢端午节，当地都要举行花酒会，许多地方的百姓商客纷纷赶来，云集于此品酒赏花，一片热闹的景象。时至今日，在山西的一些乡村集会中，聚餐品酒仍是人们最喜爱的活动之一。

在祭祀活动中，山西汾酒同样扮演着至关重要的角色。晋商祭祀、聚餐都要用家乡的汾酒，使山西汾酒享誉全国。清明、中元、寒衣等重要的祭祖之日，家家户户都会携一瓶家乡的汾酒前往祖先的葬地，为先人斟上一杯白酒摆放于墓碑前，以寄托思念之情。同样，婚庆、乔迁等喜庆的时节，人们也会在家中设宴款待亲朋，拿出珍藏的好酒，与亲朋好友分享自己的快乐。

（二）山西汾酒文化的品牌保护建议

1. 利用山西汾酒文化推动品牌的宣传力度

山西汾酒能够享誉全国、传承至今，与其独特的制造工艺息息相关，且其制造工艺本身就是地域文化特色的表现形式之一。传承与改进山西汾酒酿造的七大秘诀，选用优质的泉水与原材料，保证产品的质量，可以有效提升山西汾酒的公众认知度。对汾阳市杏花村地区的泉水进行就地保护，避免泉水污染；鼓励当地农户种植汾酒酿造所需的"一把抓"高粱及优质的大麦、豌豆等原材料，实行相关的补贴政策；推动汾酒酿造工艺的交流与传承，定期展开汾酒制造工艺交流展览会，使更多人了解汾酒的酿造过程。通过此类举措，可以有效保证山西汾酒的质量，传承山西汾酒的工艺，同时扩大山西汾酒知名度，加大品牌宣传力度。

山西汾酒作为中国"白酒之魂"，其历史文化底蕴浓厚。结合汾酒文化推出一系列宣传举措，可以有效扩大山西汾酒的品牌效应，主要从以下3个方面进行。

第一，设计特色鲜明的包装。目前，山西汾酒的包装风格以古典雅致为主。将与山西汾酒相关的历史故事、名言佳句、饮酒风俗等融入原有的包装，可以有效加大汾酒文化的宣传力度，吸引人们的眼球。

第二，设计古色古香的主题酒馆。参照古籍中的记述，设计一批具有历史气息的杏花村酒楼，门前酒旗高挂，院内酒坛飘香。采用具有历史气息的餐具、酒具等，与餐饮行业结合，推出具有地方特色的美食，重现当日杏花村酒楼名满天下的辉煌场面。

第三，开办受众广泛的汾酒展会。山西汾酒按市场需要，根据酿造时间的长短和品质的差异，形成了适应不同消费人群的产品，类似洋河酒业的"海之蓝""天之蓝""梦之蓝"系列。基于品牌宣传的考虑，可以在全国各地推出相应的汾酒产品，并定期举办汾酒展览会，出展期间适当降低价格以打开销路，提升品牌认知度。

2. 利用山西汾酒文化推动与其他产业结合

当下，汾酒品牌知名度不高的原因之一在于宣传力度不够，其文化内涵没有得到充分发掘。相比之下，起步较晚的洋河酒业自推出"梦之蓝"系列白酒后，就占了南方地区白酒市场的半壁江山，成为白酒行业顺应时代潮流、成功发掘自身文化内涵的典型案例。推动汾酒文化与其他产业结合，可以有效扩大汾酒品牌的宣传范围，提升汾酒的知名度，带动地方经济发展。其重要的表现形式之一就是汾酒的文化旅游开发。

随着国民经济的发展，人们越发重视精神文明层次的提升，文化名城旅游、乡村旅游等新兴旅游渐次兴起，酒文化旅游也是其中之一，有广阔的发展空间。汾酒集团在1994年就已经开始发展旅游业，但其服务对象主要是重要的商务来宾和上级单位视察团，受众范围较窄，展馆的陈设相对单一，难以起到良好的宣传效果。进入21世纪后，汾酒集团在原有的基础上新建了汾酒工业园林、汾酒文化广场等景点，前后共投入 2 亿多元，用于基地的建设和博物馆的扩建。汾酒文化旅游在蓬勃发展的同时，还是表现出一定的缺陷与不足之处：景区为博物馆性质的展馆，接待能力明显不足，住宿和餐饮服务在旅游旺季供不应求；商品供应单一，游客在景区停留的时间较短，消费严重不足。

可以结合山西其他地区，如太原青龙古镇、晋源古镇的发展经验，推出相关的文化旅游村项目。将汾阳市一些与汾酒生产相关的村落连接起来，建成大规模的汾酒文化度假村，以体验式旅游的形式为主，提供特色民居作为餐饮和住宿的服务点，让前来观光的旅客既能体验悠闲雅致的乡村生活，又能品尝风味独特的地方美食与口感纯正的山西汾酒，还能参观山西汾酒独特的制造过程，可以有效带动地方经济发展，提升山西汾酒的影响力。

3. 利用山西汾酒文化增强品牌的持久性

为传承山西汾酒文化，当地政府应对山西汾酒的酿造工艺、文化特色等进行记录与保护。山西汾酒一些独特的加工技艺多为人们口耳相传，不能长期保持其真实性，可以通过访谈录音的方式记录下来，转化为文本写入县志或乡志中，使其得以长期保存。此外，还可以拍摄一系列纪录片，以汾酒的发展历史、饮酒的风气民俗为素材，通过电视转播的形式进行宣传，既可以提升当下的宣传力度，增强品牌的持久性，又能作为珍贵的史料长久保存，延长汾酒文化的影响力。

二、山西面塑文化工艺传承发展

（一）山西面塑文化的现状

面塑文化是中国传统文化之一，山西面塑是三晋大地上历史悠久的传统手工艺品，也是一种由风俗习惯积淀而成的极有代表性的地方文化。2008 年，山西面人儿、面花儿被列为国家级非物质文化遗产。面塑自身虽有独特的价值和深刻的寓意，但其中存在部分落后的观念，缺乏新鲜的活力。面塑文化大多是通过上一辈人的言传身教来传承，但越来越多的年轻人对面塑制作缺乏兴趣，面塑手工艺者趋于老龄化，传承现状不容乐观。

在使用场合上，面塑主要出现在老人寿诞、小孩周岁、丧葬、春节等人生仪式和重大节日上，其他场合对面塑习俗的传承正在被加速简化；制作方面，绝大多数人选择到馒头店或者专门的花馍店铺订购，只有约一成的人会自己做，不到一成的人是花馍能手，不到两成的人会做但不常做，绝大多数人不会做；在文化认同上，绝大多数人认为花馍是当地的民俗习惯代表，富有文化内涵，不能舍弃，极少数人不关心；传承方面，如今 90% 的年轻人没有详细了解过面塑制作，70% 的中年妇女对制作有所了解但不会具体操作，现存的传承者多为老年妇女，其传承人较少。

当前，发展以山西面塑为文化符号的文化创意产业是十分重要的，尤其是要将山西面塑制作成数字影视动画。纪录片、专题片、故事片等民族文化影视作品作为一种文化符号与艺术传播媒介，具有传承民间文化的责任与功能。动画片的制作需要对面塑造型进行分析与归纳，然后通过 3D 建模渲染、2D 动画、3D 摄影技术等构建场景以及角色的数字模型，最后完成合成特效制作；还可以将面塑文化编制成与国家民族文化、地域文化相符的动画片，结合该地域的发展历史、地理环境等因素，保留原始的价值观念、思维方式以及生活方式等内容，从而制作出优秀的动画片，将山西面塑文化充分展示出来，通过动画片开展专题教育，有效地传承民间艺术观念。

（二）山西面塑文化传播新方式

互联网新平台、新应用层出不穷，知乎、抖音等 App 都可以成为山西面塑文化传播的新载体，甚至各类网络平台用户的头像和个性签名，也能够为山西面塑文化的传播提供不容小觑的力量，微博、微信的"微"指以"微内容"为主，形式简短，阅读的时候更加方便省时。这种碎片化的传播方式看似微不足道，却能以惊人的速度收到显著的效果。

还可以通过直播平台直播面塑的制作过程以及各种展览，通过直接发布和展示山西面塑的信息起到宣传作用。网络直播通过形象的图片、使用实物以及直观的口语介绍，使宣传者能够通过网络与网民进行"面对面"的交流，提高了人们的信任度而且传播成本较低，真实的拍摄录制不仅能够让人们更加了解面塑文化，还能让人们更加了解山西。通过微信的公众号平台介绍山西面塑文化的相关内容，使更多的人了解面塑的历史文化、制作过程、风格种类、美好寓意等不同的方面，更好地进行面塑文化的传播和交流。山西面塑文化现存的传承者多为老年妇女，了解山西面塑文化的年轻人较少，年轻的传承人更少，而互联网平台可以为山西面塑文化的传播带来新受众。

（三）山西面塑文化互联网传播

打造山西面塑文化品牌，利用互联网助力山西面塑产业的发展，利用数字化、大数据等手段储存和保护山西面塑已有的资源，包括发展历程、造型特征、文化韵味、制作工艺等方面，方便人们更全面、完整地了解山西面塑文化。

1. 打造山西面塑文化品牌

目前，山西境内以面塑为主要产品的品牌集中在晋南地区，晋北、晋中地区分布较少。从山西面塑发展的全局来看，虽有政府政策大力支持，但面塑发展仍然存在后劲不足、发展迟缓的问题，主要表现为传承人老龄化严重、民俗应用明显减少、创新能力不足、互联网利用率较低。针对目前我国面塑生产仍以手工作坊为主这一事实，要使山西面塑品牌成为山西对外形象之一，就必须站在消费者的角度上精确定位，明确消费者对面塑的核心需求在于面塑的功能和文化内涵，牢牢立足于地域传统文化，打造全国一流民俗品牌，并根据定位，制定适合自己的品牌营销推广和设计方案。而山西面塑文化品牌通过自身品牌传达的精神和品质优良的产品所建立的良好信誉，对强化山西面塑文化品牌具有不可替代的作用。

结合当代人健康养生的观点，在面粉的选材上可以选择不同的食材，可以利用纯植物榨取物染色。在设计造型方面，广泛挖掘题材，积极从中国传统故事、神话传说、历史故事以及经典动画中取材，进行人物形象的塑造，通过简单的人物形象揭示深刻的文化内涵，以面塑为传播点，弘扬中华民族传统文化，并结合现代新动漫形象，设计出与时代相融合的不同造型，体现时代元素。

2. 互联网助力山西面塑产业化发展

利用互联网为当代面塑制作技艺的传承人搭建互动、交流平台，加强了信息在手工制作者之间的流动，可以直接传承和弘扬面塑技艺。面塑制作人之间互相学习、交流和创新，可以充分发挥劳动人民的创造力，使面塑更好地适应现代社会和人们的生活方式，达到弘扬面塑文化的目的。利用互联网搭建面塑交流平台，一方面，可以建设面塑网站，收集面塑的渊源、发展、详细介绍等专业信息，供广大面塑制作者阅读浏览，并利用微信等做好信息的推送工作，系统地介绍面塑制作和文化内涵；另一方面，发动面塑制作者在互联网平台上晒经验、晒作品、晒地区面塑文化，既能促进面塑制作者集体内部学习交流、融汇创新，也能整合面塑制作团体的力量，共同促进面塑在当代的创新和发展。

山西面塑要实现产业化发展，必定要求有一定的受众和消费群体，可利用互联网在宣传、营销方面的优势，最大程度地开发潜在的消费群体资源。互联网时代是一个全民狂欢的时代，全民参与是利用互联网在营造话题、营销情怀、爆点发力及话题扩声等方面进行产业培养和品牌打造的有力保障和积极因素，也可以发掘面塑产业潜在的影响力，利用互联网对面塑产业进行宣传营销，打造"互联网面塑文化"。在品牌扩散的过程中，应扩大山西面塑的品牌影响力，打造面塑产业发展的社会环境，培养消费群体，为面塑的长远发展提供持久动力。

3. 建立山西面塑数据库

现代化的数字信息技术为山西面塑数据库的建设提供了切实有效的技术支

持。将采集到的文字、图片、音频、视频及三维建模等各类记录数据进行系统化整合、专业化分类和信息化存储,以数据的形式存放在计算机的存储阵列中,开发山西面塑造型艺术图形图像检索的软件系统,建立多元、完整、形象直观、具有资料性的山西面塑数据库,包括传承人的档案、面塑类型以及面塑原材料、制作工艺、文化寓意、使用途径、民间生活方式等内容,并通过电子设备进行检索,不仅能真实、系统地记录山西地区面塑文化的全貌,还能提供便捷查询、交换和利用数字资源的途径,达到面塑资源的数字化保存、管理、交换和利用的目的。

三、山西杂粮主食产业化发展

"世界杂粮在中国,中国杂粮在山西",可见杂粮在山西省所占的重要位置。山西被誉为"杂粮王国",以独特的地理气候孕育出众多杂粮,莜麦、荞麦及各种豆类均可制成营养丰富、风味独特的面食。然而,山西杂粮产业长期粗放式发展,未形成产业化生产,深加工产品寥寥无几,缺乏规模化企业的拉动,导致山西省杂粮食品局限于风味小吃,未进入三餐主食;加工方式单调,口味较原始,导致口感粗糙;产品原料化,缺乏深加工转化,制作不方便。

(一)杂粮产业化的制约因素

生产条件较差,自然灾害频发。杂粮种植于高海拔冷凉山地和旱薄地,耕地高低不平,土壤养分贫瘠,又很少投入肥料,生产条件极差。旱灾、冷害时有发生,单产水平低且不稳,地区间差异也较大,产量年际波动幅度较大。

1. 种植方式落后,多为广种薄收

杂粮种植分散,规模小,生产地力条件差,不利于机械化作业,种植方式落后,技术传统,多为广种薄收,粗放管理,栽培靠人,收获靠天。杂粮种、管、收、选、储全靠农民用传统技术手工操作,因而生产成本较高,这种状态的延续,除了受自然条件因素限制和多年传统观念影响之外,还与杂粮产量低、品质差、商品率低、经济效益低有关,严重影响了农民种植杂粮的积极性。

2. 农民随意种植,缺少区域规划

我国杂粮生产长期以来缺乏国家规划,种与不种、种植面积大小、品种选择均取决于农民个人的喜恶,农民没有真正认识到杂粮的营养价值、经济价值和市场潜力,致使杂粮生产长期徘徊不前,优势难以发挥。虽然长期以来形成了传统产区,但缺少区域规划、区域特色、区域品牌,都是各自为政,自产、自用、自销,有种植而无规划,有产区而无规模,无法形成规模效益,促进区域经济发展，更无法形成具有地域资源优势的名牌产品，严重影响我国杂粮的发展机遇及实现产业化进程。

3. 科研经费投入不足，研究推广工作滞后

长期以来，我国杂粮研究没有得到国家应有的重视和支持，到 20 世纪 90 年代中期，随着全国农作物品种资源繁种入库工作的结束，大多数省份的杂粮科研工作失去了仅有的经费来源，研究工作纷纷停顿，科研人员所剩无几，无法开展科学研究。科研滞后，新品种、新技术很少向农民推广，或推广速度慢、力度小，杂粮产区栽培品种仍以农家品种为主，加之不注意提纯复壮，品种混杂严重，没有发挥品种特有优势。

（二）发展杂粮主食加工业的出路

主食加工业是上游连"三农"、下游惠民生的基础产业，对促进农产品增值和实现农民增收作用十分明显。据测算，农产品加工成主食制品，可以比原粮增值 3 倍左右，并可带动农民直接或间接增收。目前，加快发展主食加工业正逐步成为社会共识，只要发展思路明确，采取措施得力，就能在未来的发展中取得主动权。

"民以食为天，食以粮为源"。山西省作为杂粮生产大省，已经形成强大的加工转化能力，培养出一系列名牌产品，在主食食品的生产加工由家庭制作向社会化转变的过程中起了重要作用。杂粮主食也成为山西省主食工业化发展的新亮点。

山西省应借鉴河南省主食产业的发展经验，政府及相关部门积极出台扶持政策，为主食加工这一民生工程提供各种便利。支持一批规模大、思路新的食品加工龙头企业依据现有的产业优势和产业特点，在做特、做精、做多上下功夫，融合三晋文化底蕴，走挖掘精深产品加工的路子，使山西省的主食工业化整体上一个水平。引导龙头企业与农户、合作社以及小作坊有效对接，将农户培育成原料供销商，将小作坊发展为产品的经销商，形成稳定的供购销关系。支持通过兼并、重组、收购、控股、联营等方式，组建一批具有核心竞争力的大型集团，并依托大型加工企业，加强粮油食品加工、仓储、物流等设施及质量检验检测、信息处理等公共服务平台建设，打造一批各具特色的现代主食加工园区，以引导企业向园区集聚，发挥集聚优势。

（三）太原六味斋的产业化发展

太原六味斋实业有限公司（简称六味斋）摒弃现有杂粮加工企业大多无基地、产品基本是初级加工品等传统做法，构建了"高效示范基地培训引导，公司全程参与，协会组织管理，带动千家万户"的杂粮食品产业链。

1. 产业化的有益尝试

六味斋首抓两端（基地建设和市场），增建直销店，加开快餐店。山西省右玉县是我国优质杂粮主产区之一，因杂粮的生长环境昼夜温差大、空气无污染，杂粮品质好而誉满国内外，被评为"全国杂粮基地县""国家级生态示范县"。

六味斋在右玉县梁威工业园区投资 5 000 万元，建设了 20 万亩有机杂粮生产基地。公司主要对各种杂粮产品进行开发生产，逐步形成原料种植、产品加工、成品销售的一条龙经营模式。为满足产品销售的需要，六味斋增设 200家专卖店，并注册好助妇餐饮有限公司。

科研先行。六味斋组建专业科研队伍，联合中国农业大学、中国农业科学研究院、山西农业大学、山西省农业科学院、北京工商大学、北京农学院等高校及科研院所，开发了 30 多种可以进行工业化生产的传统杂粮食品品种，打造山西省现代杂粮农业新模式，为我国发展地方特色现代农业提供借鉴经验。

六味斋目前已研发杂粮产品三大类共 20 多种。

（1）杂粮面粉、杂粮米

六味斋已具备年产 1 万吨的杂粮面粉加工能力，其中石磨杂粮面粉年产2 000吨。对荞麦、莜麦、谷类、玉米、糯玉米、豆类（小豆、绿豆、豇豆、豌豆、黑豆、大豆等）等杂粮进行复合加工，生产复合"八珍粉"、低 GI（血糖生成指数）全谷预拌粉、杂粮萌发营养全粉等。

（2）方便杂粮食品、速冻食品

方便食品有鲜荞面、鲜莜面、豌豆糊糊等，速冻食品主要是纯手工荞面猫耳朵、莜面栲栳栳、野菜牛（羊）肉饺子、野菜素饺子等。

（3）杂粮芽苗菜

通过对杂粮籽粒进行萌发处理，可以激活杂粮中有利于人体健康的活性物质。公司引进全自动杂粮芽苗菜生产设备，采用纯净水进行弥雾栽培，不施任何肥料，芽苗菜口感嫩脆、味道鲜美，现已具备日产荞麦、莜麦、豌豆等杂粮芽苗菜 1 000 多千克的加工能力。

2. 取得的部分成效

六味斋对杂粮功能食品开展了系列研究，并取得了一系列成果。

（1）低 GI 主食速食面

三清面以纯杂粮为原料，辅以魔芋粉，经挤压、熟化、老化、成型工艺制作而成。六味斋与山西医科大学第二医院营养科合作，按照国际标准的食物血糖生成指数（GI）及血糖负荷（GL）测定法，对食用三清面后的人体血糖生成指数及血糖负荷进行测定，GI 值为 46.4，属于低 GI 食物，GL 值为 16.0，属于中 GL 食物，为糖尿病患者提供了一种安全、方便的日常主食可选产品。

（2）六味三清系列产品

六味三清系列产品是依据传统中医"药食同源"原理，以杂粮为主，辅以多种中草药，根据不同人体健康需求，精心搭配加工制作而成的。六味三清系列产品含大量水溶性膳食纤维和不溶性膳食纤维，可调整人体肠道菌群，促使肠道蠕动，清理肠道毒素；具有"缺则摄入，过则排出"的双向调节机制，能够调整人体营养平衡。目前已开发的"可通、可减、可消"系列产品致力于防治人体便秘、肥胖、糖尿病等现代病和亚健康状态，具有药物不能替代的独特作用，可作为消费者日常摄入主食的最佳替代品。

多年来，六味斋坚持以品牌建设为核心，以安全高质杂粮食品为根本，以"六味斋""山西杂粮"两大品牌为基础，以杂粮科技为支撑，融合山西传统饮食文化，推动杂粮产业多元化发展，打造杂粮食品产业全产业链工程，创建山西特色杂粮现代农业示范地，为山西杂粮主食产业化发展探索出一条新路。

四、杂粮文化与科技创新的结合发展

（一）杂粮文化概述

从三皇五帝时期开始，杂粮便是人们的主要粮食，先有杂粮，后有主粮，杂粮是我们祖先最早的食物来源。

如谷子，又称粟，古人称为稷，认为"稷为百谷之长"，由野生的狗尾草经驯化、培植而来，原产于黄河流域，后传播到中亚、南亚、欧洲乃至世界各地。西安市半坡村仰韶文化遗址的墓穴里发现大量谷物。贾思勰在《齐民要术》中记载了380多个优良谷种和栽培技术。在河南省洛阳市发掘出的"含嘉仓"中储有多种农作物种子，以谷子为最多，说明当时种谷者多，以食谷为主。直到明代以后，水稻、小麦种植面积迅速扩大，谷子的发展才落后了。千万年来，谷子以色金黄悦人、味香浓诱人，因营养丰富而成为老、弱、病及产妇的补品、佳品。

再如小豆，有多个品种，其中赤小豆又称饭豆。小豆在我国已有2 000多年的种植史，原产于我国华北地区，后几乎扩展到全国。小豆中还有一种绿小豆，在食品工业中用途广泛，在农村还被视为吉祥如意的象征，成为馈赠亲友的上等礼物。李时珍在《本草纲目》中记载小豆具有排病肿、消渴、利尿、健脾胃、解毒等多种功效。

18世纪，中国人口从1.5亿增加到3.1亿，解决粮食问题的方法就是大量种植通过菲律宾从美洲引进的玉米、番薯。中国共产党带领人民取得革命的胜利，靠的是"小米＋步枪"；江西民歌中唱的"红米饭，南瓜汤"，是当时工农红军的主要食粮。可见，杂粮为中国革命的胜利作出了重要贡献。杂粮对中华民族悠久文化和文明的形成和发展，对我国革命和建设事业的成功和发展，功劳不可谓不大，作用不可谓不重。

在世界发展中，杂粮也发挥过重要作用。欧洲中世纪曾发生大旱，饥饿和疫病蔓延，人口大量消亡。在生死存亡的关头，是土豆拯救了欧洲，为欧洲文明的发展创造了基础。

近年来社会生活的新变化、新趋势常促使人们思考，为什么城市经济越发达、居民生活水平越高，吃杂粮的人越多？其中有食物营养科学普及、居民食物结构改善等原因，即深刻的文化原因，特别是饮食文化内涵的变化。现在人们的消费观念已不是单纯追求大鱼大肉，而是讲究多种食物搭配、实现营养平衡，趋向"杂食"，人们的食物消费趋向优质化、多样化、保健化、方便化与安全化，这是杂粮杂豆大显身手的文化背景和难得机遇。杂粮营养丰富，具有特殊保健功效，广泛用于食疗。采取现代仪器科技充分开发利用杂粮资源，可以加工出不同风味、丰富多彩的杂粮食品。在将来，杂粮食品会成为"尖端食品"，为丰富市场、丰美生活、丰裕农民建新功、立新劳、作出新贡献。

杂粮是个宝，无论从西部开发、农村脱贫、出口创汇看，还是从增强人民体质等方面看，把杂粮资源转变为杂粮经济，其社会、经济意义都不可低估。要广泛搜集、整理杂粮的文献资料，并加工、升华，写出一本杂粮经济学，提高杂粮的地位、知名度，把杂粮文明挖掘出来让大家都认识。与此同时，要发展杂粮文化。杂粮文化跟杂粮文明有联系，跟杂粮经济有联系，但在中国历史上往往把经济和文化分开。在倡导发展杂粮经济时同样要倡导发展杂粮文化。中国的制造业很发达，但在产品设计和营销等方面和发达国家差距还很大，比如工农业产品的包装问题。商品光有交换价值和使用价值远远不够，还要有文化价值，要把文化内涵融入商品中。推广杂粮品牌、挖掘杂粮文化内涵，提高商品的科技含量和文化含量，两者结合，方能成为名牌。

（二）杂粮文化与科技发展相结合

未来企业的竞争实质上是人才的竞争、企业文化的竞争。实践证明，将优秀的传统文化与企业的发展联系起来，实实在在做好工作，使企业健康、可持续地发展，才是一件不平凡的事。中旺集团旗下的克明五谷道场食品有限公司以传承和倡导中华五谷文化及食补养生为己任，以"健康、营养、美味和快乐"为宗旨，使"五谷道场"系列产品成为消费者关爱自己和守护家人健康的首选即食食品。"五谷道场"已开发出玉米、大米、荞麦、绿豆、薯类等系列加工产品，蘑菇山珍系、膳食滋补系等六大餐系，枸杞野山菌、当归乌骨鸡等12种美味餐谱。"五谷道场"将继续挖掘中华面食文化的精华，提升品牌的文化内涵，通过科技创新提高企业的核心竞争力，在较短时间内将"五谷道场"打造成中国速食产业第一品牌。

方便面产业为传统食品工业化四大产业之一，是 20 世纪 70 年代从日本引进的。对中国饮食文化的深刻认同与理解，是方便面在中国发展壮大的根基。准确而稳定的市场定位、应用现代科技、优质的国产化设备、中国饮食文化的附加值，鲜明地体现在中国面制品产业的发展历程中，构成中国传统食品工业化的典型特征。方便面产业引进中国 20 年后，价格竞争不再是企业唯一的竞争手段。随着今麦郎的运作成功，全行业新产品开发出现了重要突破，个性化、差异化的产品开始出现并在市场运作中获得成功。其中，康师傅的"亚洲系列"，五谷道场的"五谷杂粮"系列面及南方的方便米粉、营养挂面等各有亮点，市场前景广阔，且拥有在国际贸易中的比较优势。

第五章 杂粮加工新技术

杂粮具有独特的风味和较高的营养价值，拥有多种重要的特殊营养素，在食品工业中的加工应用越来越广，是保健养生的重要食物营养源。杂粮的加工技术随着科技进步出现了许多新的特点与工艺。

第一节　预熟化工艺

杂粮营养丰富，具有一定的保健功效，但口感粗糙，不能完全作为主食，市场通常将杂粮与大米或小米混合开发为杂粮粥。杂粮（如薏仁、红豆、绿豆、燕麦、荞麦、高粱、黑豆、豌豆、蚕豆和芸豆）结构致密、质地较硬，不易蒸煮，与大米或小米等粮食混合食用时，很难实现共煮同熟，延长加工时间，降低食用方便性，不符合现代人的快节奏生活方式对食品消费的要求。在开发各类杂粮粥的速食产品时，需要对杂粮进行预熟化处理，缩短杂粮的熟化时间，提高杂粮的食用方便性，实现与大米、小米等共煮同熟。

杂粮预熟化工艺的复配产品研究举例如下。

一、材料与方法

（一）材料准备

绿豆、红豆、燕麦、黑米、玉米楂（40目）、糙米、薏米、大米：北京金府古运商贸有限公司。

盐酸、硫代硫酸钠、硫酸、醋酸：国药集团化学试剂有限公司。

FS406诗睿全智能电饭煲、C21-WK2102电磁炉：美的集团股份有限公司。

Evolution201分光光度计：美国赛默飞世尔科技公司。

（二）操作方法

1. 预熟化样品的保存方法

将蒸煮的样品置于热风循环干燥箱中以80℃烘干，使其水分保持在10%以下，粉碎，过60目筛，装入自封袋中备用。

2. 样品的采样方法

将用电饭煲蒸熟的样品分成3层，每层4点取样，检测结果取平均值。

二、工艺流程

（一）糊化度的测定

采用糖化酶法，具体操作：称取过60目筛的磨碎试样1.00克置于2个100毫升的三角瓶中，分别标记 A_1、A_2。另取1个100毫升的三角瓶不加试样，做空白对照组，标记为B。向这3个瓶中各加蒸馏水50毫升。

把 A_1 置于电炉上煮沸或在沸水浴中加热20分钟，然后将 A_1 迅速冷却到室温。在 A_1、A_2、B这3个三角瓶中各加1%糖化酶液1毫升（用时现配），在60℃水浴上振荡1小时，然后在3个三角瓶中各加入1摩尔/升的盐酸2毫升进行酶的灭活，并转至100毫升容量瓶，用蒸馏水定容，过滤后作为检定液备用。

各取检定液10毫升，分别置于3个100毫升带塞的磨口三角瓶中，分别加入0.05摩尔/升的碘液10毫升、0.1摩尔/升的氢氧化钠溶液18毫升，然后加塞置暗处静置15分钟。

静置后在上述3个三角瓶中各加10%硫酸2毫升，用0.1摩尔/升的硫代硫酸钠滴定，至蓝色变浅后加入1毫升淀粉指示剂，继续滴定至无色并保持1分钟不变为止。记下各瓶消耗的硫代硫酸钠毫升数。

则：糊化度（%）$= \left[(V_0 - V_2) \div (V_0 - V_1) \right] \times 100$。

式中，V_0 为滴定空白对照组消耗硫代硫酸钠的体积，单位为毫升；V_1 为滴定完全糊化样品消耗硫代硫酸钠的体积，单位为毫升；V_2 为滴定样品消耗硫代硫酸钠的体积，单位为毫升。

（二）露白率和白芯数量的测定

样品蒸煮后去掉表面的一层杂粮饭，在杂粮饭中心取10颗米粒，置于黑色板上，用玻璃片按压，观察米粒中心是否存在白芯，记下存在白芯的米粒数量，分别重复3次。在杂粮饭中心以外取10颗米粒，用同样的方法计算白芯数量，重复5次。

则：白芯数量＝白芯数量总和÷8。

样品蒸煮后去掉表面的一层杂粮饭，随机取 20 颗米粒，观察米粒开裂露白程度。若裂缝大于 1 毫米，则记为露白，并记下露白的米粒数量，重复 5 次实验。

则：露白率（％）＝（露白米粒总数÷100）×100。

(三) 预熟化工艺实验

采用浸泡与蒸煮相结合的方式处理杂粮。

浸泡条件（吴小勇等，2004）为样品：水＝1：3（质量比），室温（27±2)℃。

蒸煮方法：取样品 25 克浸泡后，按样品：水＝1：1.5（质量比）加蒸馏水置于直径 12 厘米的瓷碗中。电磁炉以 1 800 瓦的功率工作，待蒸锅中的水烧至沸腾（冒出大量蒸汽）时，将瓷碗放入锅中盖好计时，分别蒸煮 5 分钟、10 分钟、15 分钟、20 分钟、25 分钟。

由食品专业技术人员组成评审组，对蒸煮后的样品进行感官评价，最后整理成实验数据。

三、杂粮预熟化工艺研究分析

(一) 复配杂粮比例的确定

用氨基酸评分法对大米及 7 种复配杂粮进行计算，以所有必需氨基酸评分在 85 分以上为宜，结果见表 5 - 1。

表 5 - 1　大米及 7 种杂粮的氨基酸评分

项目	大米	红豆	绿豆	玉米糁	薏米	燕麦	黑米	糙米
WHO 推荐模式	40	70	55	35	60	40	10	50
评分	105.70	124.54	90.21	95.73	105.15	85.39	125.47	112.12

根据表 5 - 1 的计算结果，最终确定产品配比为大米：绿豆：红豆：燕麦：黑米：玉米糁：糙米：薏米＝4：1：1：1：1：1：1：0.5。

(二) 预熟化样品的确定

将大米与 7 种杂粮按照 4：1：1：1：1：1：1：0.5 的比例混合后，称取250 克，按照样品：水＝1：2（质量比）添加纯净水，以电饭煲标准模式蒸煮。蒸煮完成后，采用露白率和白芯数量的测定方法采样，分别对大米和7种杂粮进行露白率和白芯数量的检测，结果见图5-1。由图5-1可知，同时蒸煮的8种粮食中只有大米、燕麦、玉米糁及黑米4种粮食完全成熟，不存在白芯现象；红豆、绿豆、糙米与薏米白芯数量较多，无法实现与大米同煮同熟，需要进行预熟化处理。

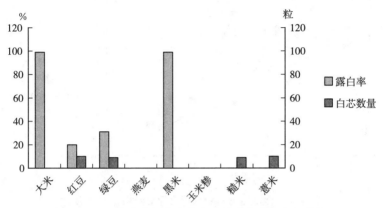

图5-1　7种杂粮与大米蒸煮后的露白率和白芯数量

1. 薏米的预熟化工艺的确定

由图5-2可知，随着浸泡时间的延长，薏米的糊化度呈现先上升后下降的变化趋势，浸泡4小时糊化度达到最大值。感官评分的变化与糊化度变化相似，在4小时达到最大值，浸泡超过4小时的薏米干燥后有明显的裂纹。因此薏米预处理最佳的浸泡时间确定为4小时。

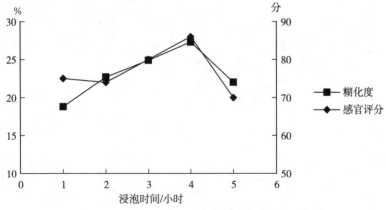

图5-2　浸泡时间对薏米感官评分及糊化度的影响

由图5-3可知，浸泡温度在27～40℃时薏米的糊化度呈上升趋势，在40℃时糊化度达到最大值，40℃之后呈下降趋势，表明40℃为薏米的最佳浸泡温度，温度过高或过低都会对糊化度有影响。随着浸泡温度的增加，感官评分呈下降趋势，薏米颜色逐渐变暗，考虑到蒸煮后的薏米要与大米口感相近，因此薏米预处理的最佳浸泡温度确定为40℃。

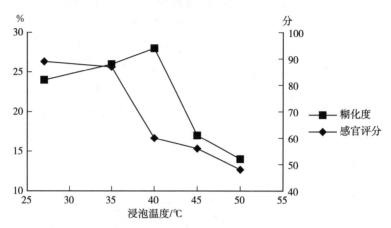

图5-3　浸泡温度对薏米感官评分及糊化度的影响

由图5-4可知，随着薏米蒸煮时间的延长，薏米的糊化度呈现先下降后上升的变化趋势，蒸煮5分钟达到最大值。感官评分则随着蒸煮时间的延长呈现下降趋势，这是因为随着蒸煮时间的延长，薏米干燥后有明显的裂纹，甚至出现破碎现象，而糊化度过低会使薏米无法实现与大米同煮同熟，因此薏米预处理的最佳蒸煮时间确定为10分钟。

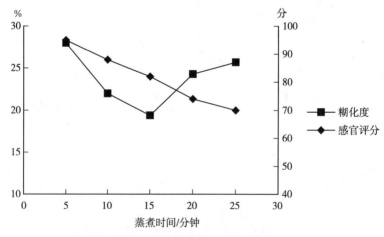

图5-4　蒸煮时间对薏米感官评分及糊化度的影响

综合上述各因素对产品感官评分的影响，最终得到薏米最佳的浸泡时间为

4 小时、浸泡温度为 40℃、蒸煮时间为 10 分钟的结论。

2. 糙米的预熟化工艺的确定

由图 5-5 可知，随着糙米浸泡时间的延长，糙米的糊化度呈现先上升后下降的变化趋势，浸泡 3 小时达到最大值。感官评分也呈现相同的变化趋势，浸泡 3 小时评分最高。因此确定 3 小时为最佳浸泡时间。

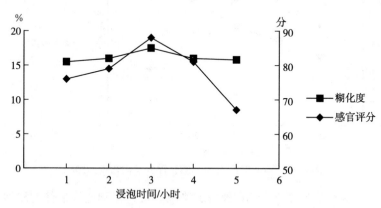

图 5-5 浸泡时间对糙米感官评分及糊化度的影响

由图 5-6 可知，随着浸泡温度的增加，糙米的糊化度呈现逐步上升的变化趋势，在 50℃时糊化度达到最大值。感官评分的变化呈现先上升后下降的趋势，在 35℃时达到最大值。浸泡温度的增加对浸泡后的糙米风味有较大影响，结合加工能效等多方面考虑，糙米的最佳浸泡温度确定为 27℃。

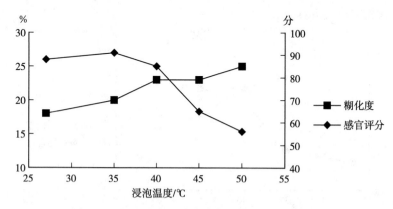

图 5-6 浸泡温度对糙米感官评分及糊化度的影响

由图 5-7 可知，随着糙米蒸煮时间的增加，糙米的糊化度呈现上升趋势。感官评分呈现先上升后下降的变化趋势，蒸煮 10 分钟评分最高。蒸煮 5 分钟以上的糙米虽然糊化度有所上升，但同大米一起蒸煮后过度软烂，不具有相近的口感。因此，以 5 分钟为糙米最佳蒸煮时间。

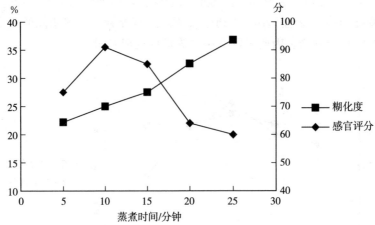

图 5-7　蒸煮时间对糙米感官评分及糊化度的影响

综合上述各因素对产品感官评分的影响，最终得到糙米最佳的浸泡时间为 3 小时、浸泡温度为 27℃、蒸煮时间为 5 分钟的结论。

3. 红豆的预熟化工艺的确定

由图 5-8 可知，在 27~50℃时红豆的糊化度呈上升趋势，在 50℃时糊化度达到最大值，表明 50℃为红豆的最佳浸泡温度。但随着浸泡温度的增加，感官评分呈下降趋势，红豆的颜色逐渐变淡。为保证预熟化后红豆的感官性状与未处理的红豆相近，且能实现与大米同煮同熟，经综合考虑确定红豆预处理的最佳浸泡温度为 35℃。

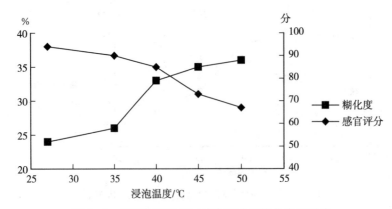

图 5-8　浸泡温度对红豆感官评分及糊化度的影响

由图 5-9 可知，随着红豆蒸煮时间的增加，糊化度呈现先上升后下降的趋势,蒸煮 20 分钟达到最大值。感官评分呈现同样的变化趋势,蒸煮 15 分钟的评分最高。虽然蒸煮 20 分钟的红豆糊化度较高,但会出现破裂的现象。因此,以 15 分钟为红豆最佳蒸煮时间。

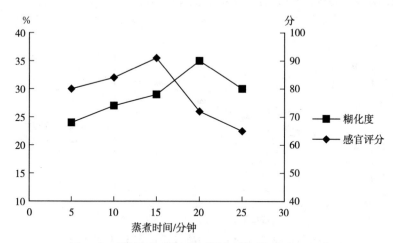

图 5-9　蒸煮时间对红豆感官评分及糊化度的影响

由图 5-10 可知,随着红豆浸泡时间的增加,糊化度呈现上升趋势,浸泡 5 小时达到最大值。感官评分呈现先上升后下降的变化趋势,浸泡 4 小时的评分最高。浸泡 4 小时以上的红豆,蒸煮后会出现破裂的现象。因此,以 4 小时为红豆最佳浸泡时间。

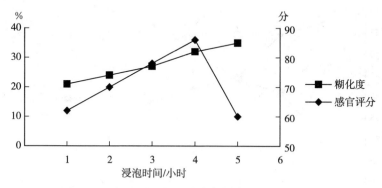

图 5-10　浸泡时间对红豆感官评分及糊化度的影响

综合上述各因素对产品感官评分的影响,最终得到红豆最佳的浸泡时间为 4 小时、浸泡温度为 35℃、蒸煮时间为 15 分钟的结论。

4. 绿豆的预熟化工艺的确定

由图 5-11 可知,在 27~50℃时绿豆的糊化度呈上升趋势,在 50℃时糊化度达到最大值，表明 50℃ 为绿豆的最佳浸泡温度。但随着浸泡温度的增加，感官评分呈下降趋势，绿豆的颜色逐渐变淡。为保证预熟化后绿豆的感官性状与未处理的绿豆相近，且浸泡温度的变化对绿豆糊化度的影响波动不大，经综合考虑确定绿豆预处理的最佳浸泡温度为 27℃。

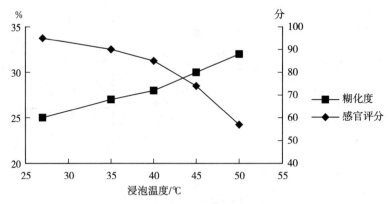

图 5-11　浸泡温度对绿豆感官评分及糊化度的影响

由图 5-12 可知，随着绿豆蒸煮时间的增加，糊化度呈现上升趋势，蒸煮25 分钟达到最大值。感官评分呈现完全相反的变化趋势，蒸煮 5 分钟的评分最高。虽然蒸煮 25 分钟的绿豆糊化度较高，但长时间的蒸煮会出现汤汁起沙的现象。因此，以 5 分钟为最佳蒸煮时间。

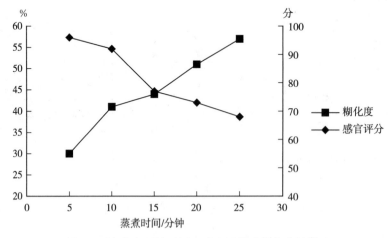

图 5-12　蒸煮时间对绿豆感官评分及糊化度的影响

由图 5-13 可知，随着绿豆浸泡时间的增加，糊化度呈现上升趋势，浸泡5 小时达到最大值。感官评分呈现先上升后下降的变化趋势，浸泡 4 小时评分最高。浸泡 4 小时以上的绿豆，蒸煮后会出现豆皮分离的现象，无法保证外形完整。因此，以浸泡 4 小时为最佳浸泡时间。

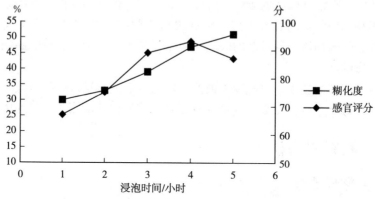

图 5-13 浸泡时间对绿豆感官评分及糊化度的影响

综合上述各因素对产品感官评分的影响，最终得到绿豆最佳的浸泡时间为 4 小时、浸泡温度为 27℃、蒸煮时间为 5 分钟的结论。

（三）复配杂粮米饭的最终结论

通过氨基酸评分得到的 7 种杂粮与大米的复配比例为大米∶绿豆∶红豆∶燕麦∶黑米∶玉米糁∶糙米∶薏米＝4∶1∶1∶1∶1∶1∶1∶0.5。通过白芯数量和露白率的测定，确定 7 种杂粮中只有绿豆、红豆、糙米及薏米需要通过预熟化处理才能实现与大米同煮同熟。以糊化度和感官评分为指标，确定 4 种杂粮的预熟化工艺参数分别为：薏米 40℃ 浸泡 4 小时，蒸煮 10 分钟；红豆 35℃ 浸泡 4 小时，蒸煮 15 分钟；绿豆 27℃ 浸泡 4 小时，蒸煮 5 分钟；糙米 27℃ 浸泡 3 小时，蒸煮 5 分钟。在此条件下，薏米、红豆、绿豆和糙米的糊化度分别为 56％、53％、45％ 和 32％，可实现与大米同煮同熟，并获得 89 分的平均感官评分。

第二节 杂粮功能因子提取技术

油糠是稻谷加工后的产物，压榨后分为米糠毛油和糠粕（或糠饼），米糠毛油不可食用，可进一步提炼为米糠油和副产品。米糠油是一种营养价值较高的食用油，具有很好的保健作用，国际上称作"健康营养油"，其油酸、亚油酸、亚麻酸含量达 80％ 以上，还含有谷维素（1.5％～2.5％）、维生素 E（90～163 毫克/100 克）、植物甾醇（1.5％～3.5％）等多种功能因子。谷维素和植物甾醇具有降低血清胆固醇浓度、促进血液循环、调节人体内分泌和自主神经等功能；维生素 E 能延缓衰老、预防癌症及慢性疾病。实践证明，长期食用米糠油可降低人体血清胆固醇浓度、降低血脂中低密度脂蛋白胆固醇含量、防止动脉硬化、防止高血压等。

米糠中含有活性较高的脂肪分解酶，导致加工得到的米糠毛油中游离脂肪酸含量很高，用传统的碱炼脱酸和物理法精炼脱酸虽能将酸值降至规定范围内，但存在营养物质损耗过多的问题，而米糠油中功能因子含量的高低决定着米糠油品质的好坏。

本节运用新的技术，以脱胶米糠油为原料，研究醇萃取脱酸以及醇萃取脱酸后再经过碱炼或用自制吸附剂吸附脱酸对米糠油中功能因子含量的影响。

一、材料与方法

(一) 材料准备

1. 原材料

米糠毛油由中兴能源（湖北）有限公司提供；脱酸吸附剂为实验室自制；谷维素标准品（99％）购于东京化成工业株式会社；维生素 E 标准品（98％）和植物甾醇标准品（99％）购于美国 Sigma 公司。无水乙醇、无水乙醚和三氯甲烷为色谱纯，其余试剂均为分析纯。

2. 运用设备

安捷伦高效液相色谱仪、电子分析天平、SHZ‐DⅢ型循环水式真空泵、GZX‐9140ME 数显鼓风干燥箱、DF‐1 型集热式恒温磁力搅拌器、XW‐80A 微型旋涡混合仪、HHS 电热恒温水浴锅、SK3300 超声波清洗器。

(二) 操作方法

1. 油样预处理

将米糠毛油称重后加热到 80℃，加入油质量 0.3％的 85％磷酸搅拌 20 分钟，随后加入油质量 5％的热水（85℃）继续搅拌 30 分钟，最后保温静置 3 小时，弃去下层胶米糠质，得到脱胶米糠油，并检测相关指标。

2. 醇萃取脱酸

称取脱胶米糠油 2 份，分别与甲醇、95％乙醇按 1：2.4（质量体积比）混合，在 30℃条件下快速搅拌 20 分钟后，分出下层油样。重复上述操作萃取 4 次，油样和萃取液用旋转蒸发器脱溶后检测相关指标。

米糠油得率计算公式：米糠油得率（％）＝萃取脱酸米糠油质量÷脱胶米糠油质量×100。

3. 碱炼脱酸

称取一定量的脱酸油样，根据酸值分别加入质量分数为 5.11％、6.58％、

8.07%和9.42%的碱液（NaOH 溶液）在 55℃条件下碱炼，其中超碱量为0.2%，搅拌 30 分钟后直接离心，取上层油样。

将碱炼后的油样用蒸馏水水洗后干燥并检测相关指标。水洗条件：油样温度为 80℃，水温为 90℃，加水量为油质量的 15%，水洗 2 次。

4. 吸附脱酸

取一定量脱酸油样于烧杯中，加入 1.8%的自制脱酸吸附剂，在 70℃条件下搅拌 30 分钟后真空抽滤并检测相关指标。

5. 酸值测定

按照 GB 5009.229—2016 规定的方法测定酸值。

6. 谷维素含量的测定

谷维素含量采用高效液相色谱法测定。具体操作方法：称取 1 克油样，加入 1 毫升三氯甲烷，用无水乙醇定容至 50 毫升容量瓶，待溶液充分混合后经 0.22 微米有机相滤膜过滤，使用高效液相色谱（HPLC）-紫外（UV）检测法测定。色谱条件：流动相甲醇，流速 1 毫升/分钟；色谱柱 DikmaC18（4.6 毫米×250 毫米，5 微米）；柱温 28℃；紫外检测波长 327 纳米；进样量 20 微升。

7. 维生素 E、植物甾醇含量的测定

维生素 E、植物甾醇含量采用高效液相色谱法测定。具体操作方法：称取 5 克油样于皂化瓶中，加入 30 毫升无水乙醇，混匀后再加入 5 毫升 100 克/升的抗坏血酸溶液和 20 毫升 1 摩尔/升的 NaOH 溶液，搅拌 1 小时进行皂化。皂化反应液倒入分液漏斗中，用 50 毫升蒸馏水将皂化瓶水洗 2~3 次，水洗液也倒入分液漏斗中，再用 50 毫升乙醚分 3 次洗皂化瓶，乙醚液并入分液漏斗中。振荡后静置，待溶液分层后弃去下层水相，用 50 毫升蒸馏水继续洗涤乙醚层，用 pH 试纸检测下层水相，至不显碱性为止，再用旋转蒸发器对乙醚层进行脱溶处理，然后用色谱级甲醇定容至 50 毫升，待溶液充分混合后经 0.22 微米有机相滤膜过滤，使用高效液相色谱（HPLC）-紫外（UV）检测法测定。色谱条件同谷维素含量测定的色谱条件，但紫外检测波长设置为 210 纳米。

二、分析与结论

（一）脱胶米糠油的相关指标

米糠毛油经过脱胶处理后可作为评价脱酸工艺效果的原料。脱胶米糠油的相关指标如表 5-2 所示。

表 5-2　脱胶米糠油的相关指标

项目	指标
酸值（KOH）/（毫克/克）	44
谷维素含量/%	1.12
维生素 E 含量/%	0.068
植物甾醇含量/%	1.95

（二）醇萃取脱酸效果的比较

醇萃取脱酸对米糠油得率、游离脂肪酸脱除率及功能因子含量的影响见表 5-3。

表 5-3　醇萃取脱酸效果的比较（%）

项目	甲醇萃取	95%乙醇萃取
米糠油得率	63.95	53.43
游离脂肪酸脱除率	92.57	95.32
谷维素损失率	8.56	33.00
维生素 E 损失率	32.86	61.65
植物甾醇损失率	20.28	44.79

如表 5-3 所示，甲醇和 95%乙醇对游离脂肪酸都有较好的萃取效果，游离脂肪酸脱除率都超过 90%，但甲醇萃取脱酸的米糠油得率比 95%乙醇高 10.52 个百分点。用甲醇和 95%乙醇萃取脱酸时，对米糠油中的功能因子都有一定的影响，对维生素 E 的影响最大，95%乙醇萃取脱酸后维生素 E 损失率超过 61%，甲醇萃取后维生素 E 的损失率也有 32.86%；甲醇萃取脱酸对功能因子的保留效果明显好于 95%乙醇，特别是对谷维素的保留，经 4 次萃取脱酸后谷维素仅损失 8.56%。因此，从脱酸效果和功能因子的保留情况来看，醇萃取脱酸时甲醇的效果明显好于 95%乙醇。

（三）不同质量分数碱液碱炼脱酸效果的比较

高酸值米糠油直接采取常规的碱炼脱酸工艺精炼时，不仅碱炼得率很低，而且谷维素和植物甾醇损失比较严重，碱炼后的色泽相对米糠毛油的色泽也有所加深，给脱色工序带来一定的困难。因此，在后续实验中，以甲醇 4 次萃取后的低酸值（KOH）米糠油（4.57 毫克/克）为研究对象，分别采用质量分数为 5.11％、6.58％、8.07％和 9.42％的 4 种碱液对低酸值米糠油进行碱炼脱酸，结果如表 5-4 所示。

表 5-4　不同质量分数碱液碱炼脱酸效果的比较

项目	碱液质量分数			
	5.11％	6.58％	8.07％	9.42％
酸值（KOH）/（毫克/克）	0.92	1.01	0.87	1.13
游离脂肪酸脱除率/％	79.87	77.90	80.90	75.27
谷维素损失率/％	66.37	54.39	59.77	49.39
维生素 E 损失率/％	28.73	30.99	12.50	17.82
植物甾醇损失率/％	33.81	33.70	13.13	21.40

由表 5-4 可以看出，4 种不同质量分数碱液对低酸值米糠油进行碱炼脱酸时，游离脂肪酸脱除率都超过 75％，其中质量分数为 8.07％的碱液可将米糠油酸值（KOH）降至 0.87 毫克/克。碱炼后 3 种功能因子均有一定程度的损失，其中采用质量分数为 5.11％的碱液碱炼时谷维素和植物甾醇损失率最高，分别为 66.37％、33.81％；采用质量分数为 6.58％的碱液碱炼时维生素 E 损失率最高，为 30.99％；采用质量分数为 8.07％的碱液碱炼时维生素 E 和植物甾醇损失率最低，分别为 12.50％、13.13％；采用质量分数为 9.42％的碱液碱炼时谷维素损失率最低，为 49.39％。因此，从脱酸效果和功能因子的保留情况来看，低酸值米糠油碱炼脱酸时选用质量分数为 8.07％的碱液效果更佳。

（四）吸附剂脱酸效果的比较

用自制吸附剂脱酸对米糠油酸值及功能因子的影响如表 5-5 所示。

表 5-5　自制吸附剂脱酸效果的比较

项目	吸附前	吸附后
酸值（KOH）/（毫克/克）	4.57	2.08
谷维素含量/％	1.02	0.99
维生素 E 含量/％	0.046	0.044
植物甾醇含量/％	1.55	1.52

由表 5-5 可以看出，自制吸附剂可将低酸值米糠油酸值（KOH）由 4.57 毫克/克降至 2.08 毫克/克，与碱炼脱酸（碱液质量分数 8.07％）相比，其脱酸效果较差，但对米糠油中的功能因子基本没影响，炼耗大大降低，中性油损

失小，也不会对环境造成污染，可以节省成本。

（五）最终获得结论

甲醇和95％乙醇对高酸值米糠油都有很好的萃取脱酸效果，但从功能因子保留情况和米糠油得率来看，甲醇萃取脱酸效果明显好于95％乙醇，甲醇4次萃取脱酸后米糠油得率为63.95％，游离脂肪酸脱除率为92.57％，谷维素、维生素E、植物甾醇的损失率分别为8.56％、32.86％、20.28％。

对甲醇萃取后的低酸值米糠油进行碱炼脱酸时，采用质量分数为8.07％的碱液（NaOH溶液）可将其酸值（KOH）降至1毫克/克以内，且功能因子损失相对较少；自制吸附剂的脱酸效果虽不及碱炼脱酸，但吸附剂脱酸后功能因子基本无损失。

第三节　杂粮加工副产品开发

一、啤酒糟研究利用

（一）啤酒糟概述

啤酒糟是啤酒生产过程中产生的主要副产品，约占啤酒总生产量的1/4。每100千克麦芽投料可得10～30千克含水量75％～80％的鲜啤酒糟。大麦是世界上最主要的谷物之一，主要用作动物饲料或者生产啤酒的原料。大麦种子的主要成分是淀粉和蛋白质，由种皮、胚乳、胚芽3部分组成。在啤酒的酿造过程中，麦芽中的营养成分被选择性地强移到麦汁中，不溶性高分子物质、未糖化的麦芽以及大麦芽壳构成了啤酒糟。

由表5-6可见，啤酒糟中的粗蛋白含量比较高。采用的生产工艺（即麦芽和糖化工艺）的不同，加上原料成分和收获时间的不同，以及添加辅料的种类和数量的差别，导致不同啤酒糟中的成分含量呈现较大差异，但干啤酒糟中的蛋白质含量基本上在20％～30％。有研究表明，啤酒生产原料中约9％的蛋白质有1/3被强移到麦汁中，此部分为游离氨基酸和小分子肽，2/3弱保留在啤酒糟中，此部分是大分子的蛋白质。

表5-6　啤酒糟与其他粮食产品营养成分的比较（％）

名称	干物质	粗蛋白	粗脂肪	粗纤维	无氮浸出物	灰分	钙	磷
麦麸	88.10	13.70	4.10	7.0	57.70	5.60	0.18	0.78
米糠	91.00	9.40	15.00	11.00	46.00	9.60	0.08	1.42
粉渣	91.30	20.80	6.10	1.30	62.10	1.00	0.05	0.11

（续）

名称	干物质	粗蛋白	粗脂肪	粗纤维	无氮浸出物	灰分	钙	磷
玉米面	88.00	8.50	4.30	2.50	71.00	1.70	0.02	0.21
小麦面	88.30	12.70	1.80	2.10	69.90	1.80	0.06	0.29
大豆	90.10	38.50	15.40	6.90	24.20	5.10	0.23	0.56
啤酒糟	91.70	22.94	8.22	6.23	50.86	3.45	0.40	0.56

啤酒糟中的蛋白质包括不溶性蛋白质和可溶性蛋白质。不溶性蛋白质大部分是麦谷蛋白和醇溶蛋白；啤酒糟中的可溶性蛋白质主要包括球蛋白、麦清蛋白，以及在大麦发芽过程中由醇溶蛋白部分转化成的类似麦清蛋白和球蛋白的物质。啤酒糟蛋白质的氨基酸组成部分中，含量较多的包括缬氨酸、丙氨酸、丝氨酸、甘氨酸、谷氨酸和天冬氨酸，酪氨酸、脯氨酸、苏氨酸、精氨酸含量较少，另外还含一定量的赖氨酸、组氨酸以及异亮氨酸。啤酒糟中的膳食纤维包括可溶性膳食纤维和不溶性膳食纤维。其中，不溶性膳食纤维主要包括麦皮中的纤维素、不溶性 β-葡聚糖和不溶性戊聚糖，约占总膳食纤维的60%，可溶性膳食纤维主要包括可溶性 β-葡聚糖和可溶性戊聚糖，约占总膳食纤维的40%。

（二）啤酒糟在食品中的应用

啤酒糟有成本相对较低、营养价值较高的特点，有人将研磨并筛分后的干啤酒糟添加至全麦面包、饼干、开胃酒等的生产原料中，制成高蛋白、高纤维、低热量的新型食品。

啤酒糟经压榨机部分脱水后，在回转式干燥机中干燥至含水量在6%～7%，然后传送至磨粉机中研磨至粒度为50～600微米。研碎的啤酒糟输至连续式悬吊鼓筛分选机中，上层筛孔为130微米，底层筛孔为120微米，筛出的细磨啤酒糟粉含40%的蛋白质和35%的膳食纤维，粗磨啤酒糟粉含20%的蛋白质与67%的膳食纤维。粗磨啤酒糟粉含植酸量极低，而膳食纤维、蛋白质含量比麦麸高，可取代麦麸作面包和饼干的生产原料。

日本有应用啤酒糟作食品原料的专利技术，新鲜啤酒糟在100～114℃条件下干燥10秒至10分钟后，加入面粉调制成面团，经过一系列的发酵、成型、烘焙、冷却、包装，即可得到香味独特的啤酒糟食品。

啤酒糟含淀粉质（多糖化合物），淀粉经水解或经多糖化合物糖化降解为单糖分子（如葡萄糖等己糖），单糖分子在酿酒酵母的作用下发酵，就可生成甘油。用啤酒糟作原料制取甘油，具有原料来源丰富、投资少、设备简单、操作方便、生产成本低等特点，因而具有广阔的应用前景。

以啤酒糟为主要原料（添加其他辅料和啤酒废酵母），采用多菌种混合发酵生物工程技术，利用微生物体内的纤维素酶、淀粉酶将原料中的纤维素和淀粉降解成能被微生物吸收利用的糖，使之生长发育，再分泌多种蛋白酶，将原料中的蛋白质降解成可溶性游离的复合氨基酸和短肽。

二、醋糟资源化利用

（一）醋糟概述

醋糟，是醋厂以高粱为主要原料，经过拌曲、发酵、醋化、熏醅等一系列过程生产的醋醅，经过 4 次淋醋后剩余的固态的醋渣。也就是说，醋糟是酿造食醋而产生的副产品。醋糟主要有两种类型，从色泽上观察，颜色较浅的醋糟叫白醅，颜色较深的叫黑醅。制醋的原料经发酵、醋化后取出一半醋醅，不经过熏醅的工序便直接进行淋醋，这一半醋醅色较浅、发黄，淋出的醋色也较浅，醋糟为黄白色，故叫白醅。剩余的另一半醋醅经过长时间熏烤之后，颜色逐渐变深，最后变成黑紫色再进行淋醋，故叫黑醅。由于白醅未经熏醅，在淋醋这一过程可被反复循环利用，因此白醅很少像黑醅一样经过淋醋以后被直接丢弃。作为农业固体废弃物被丢弃的醋糟主要是黑醅和少量白醅。

食醋作为日常生活中必不可少的调味品，无论在东方国家还是西方国家，只要是需要烹饪的地方都可以看见它的身影。在我国，食醋的历史最早可以追溯到周代。春秋战国时期还出现了专门酿醋的作坊。食醋作为调味品被一代代流传下来，随着粮食作物种类的增多、酿造工艺的进步，食醋的品种也逐渐增多，风味各异。中国的醋最出名的为"四大名醋"——山西老陈醋、镇江香醋、保宁醋、福建永春老醋，此外还有充满地域特色的风味醋，如北京熏醋、岐山醋、红曲米醋、天津独流老醋、广灵登场堡醋以及原香醋等。北方的酿醋原料以高粱、小麦和小米为主，南方则以大米和糯米为主，有的地区还会以土豆、红薯干、玉米为原料。

因为醋糟是酿醋的主要原料经过发酵、醋化、熏醋、淋醋几道工序所产生的醋渣，而酿醋的主要工艺是发酵、搅拌，生产过程中的添加物很少，所以醋渣的主要成分是高粱、小麦等物质。

食醋在中国人的日常烹饪中占有举足轻重的地位，作为酸性调味品，和油、盐、酱油一样用来调节菜肴的口味。如今，食醋除了作为调味品外，人们还充分挖掘食醋的其他价值，生产出其他醋产品——保健醋、饮料醋等，醋产品日渐多样化，需求量巨大，可以产生可观的经济效益和社会效益，不断拉动农村经济的发展，为建设社会主义新农村添砖加瓦。随着醋产品生产量的增加，醋糟的生产量也在增加。

据统计，光山西一年产生的醋糟就有 300 吨以上。这么多的醋糟是怎么处理的？在我国，除了少部分地区把醋糟制作为一种叫"醋糟粉"的美食和直接作为家畜的饲料外，绝大部分地区把醋糟作为垃圾填埋或者随意倾倒在路边、农田等公共场所。醋糟露天堆放和填埋的处理方式，除了造成资源浪费之外，还会占用大量的耕地农田，醋糟的不当处理甚至会对生态环境造成污染。

（二）醋糟在食品中的应用

醋糟可以用作栽培食用菌的培养料。食用菌生长所需的营养物质全部来源于食用菌的培养料。我国栽培食用菌的培养料主要是稻草、麦稻、玉米芯、棉籽壳、木屑等，醋糟的主要成分是高粱、麦麸、稻壳等粗纤维含量高的物质，因此，醋糟适用于栽培食用菌。又因食用菌在生长的过程中会不断降解醋糟内的纤维素、半纤维素和木质素等有机物以吸取营养物质，所以醋糟只需经简单的预处理即可用作食用菌的培养料。具体方法：先将生石灰混入新鲜醋糟中以降低醋糟的酸性，pH 调制到 7～8 后再将醋糟暴晒 5～6 天，除去多余的水分，即可装入接种袋中打孔灭菌，用于食用菌栽培。侯国亮等（2011）用醋糟替代棉籽壳作培养料栽培白灵菇，通过 3 个大棚试验确定了栽培白灵菇的技术流程，即新鲜醋糟→调节 pH→接种→大棚培养→菜菇→分级包装，并在山西省汾阳市及周边地区进行醋糟栽培技术规模化推广，取得了一定的成效。

董良利等（2008）用醋糟替代稻草，和干牛马粪混配作培养料进行双孢菇试验，结果表明，每 100 米^2 纯醋糟添加 400 千克干牛马粪和一些微量元素作培养料，接种量为 5％时，产量最好。此外，其他研究表明，醋糟还可作平菇、猴头菇、竹弥、金针菇等的培养料。

在食品酿造行业，醋、酒、酱油的酿造离不开制曲。制曲的目的是促使食品发酵而专门培养有益微生物。传统制曲主要以小麦为原料，在高温的环境下进行。首先要将粉碎后的小麦加入水和母曲搅拌，然后以人力踩曲，再将踩好的曲块堆积发酵。制曲时必须保证高温，高温有利于微生物在曲块中生长并分泌出大量的酶。在曲块堆积发酵的过程中要经常翻仓，确保曲块每一面都能充分接触微生物。从曲的制作到使用，前后需要 3～5 个月。传统制曲对温度、时间、劳动力要求高，费时费力，致使制曲生产效率低，而宋春雪（2009）通过研究出醋糟制曲法，很好地解决了这个问题。醋糟制曲法即将新鲜熏醋糟和营养液按一定的比例混合，加水调节，再接种黑曲霉菌种菌，使其发酵，待发酵完成，将熏醋糟曝晒即可。用此法生产出的曲产品菌丝面广而匀，曲香味浓郁，曲质量高，且大大缩短了发酵时间，还在一定程度上解决了传统制曲的人力、时间和温度需求大的问题。不过这个用醋糟制曲的技术目前未得到大范围的推广。

醋糟的二次使用主要是在醋化过程中将谷糠替换成醋糟，增加醋酸菌接触空气面积，加速繁殖从而达到加速醋化的作用。董丽（1997）利用醋糟替代了一部分谷糠以加速醋化，酿制的食醋色泽正常、酸味醇正、微有甜口，符合国家质量检测标准。用醋糟代替谷糠，既大大节约了酿醋成本，还因减少谷糠的使用而减少了产品的农药残留，保证了食醋的质量安全。

醋糟和酱油渣混合可以制作鲜味剂。庄桂（2005）将醋糟、麸皮和酱油渣混合，通过微生物发酵制曲，然后将制好的曲和酵母培养物按比例混合固态发酵，可以制成鲜味剂。这是醋糟和酱油渣利用的一大进步。

醋糟的主要成分是高粱、麦麸、稻壳等物质，这些物质的结构相对松散，所以透气性能良好。又因醋糟的营养成分含量较高，能为微生物的生长提供所需的营养，现在人们将醋糟用作生产酶制剂的培养基。酶制剂主要用作饲料的添加剂，起催化作用，可以催化食品生产中的各种化学反应，能够改进食品加工工艺。酶制剂一般是从动植物、微生物中提取的具有催化能力的蛋白质。醋糟生产酶制剂，主要是采用固体发酵的手段，让微生物在醋糟培养基上生长繁殖。

三、小米谷糠资源利用

（一）小米谷糠概述

谷子在中国是一种常见谷物，也是西亚、北非、印度等国家和地区人民的共同粮食。小米谷糠就是谷子的外表皮壳，是生产小米的过程中的副产物。小米谷糠含有多种营养物质，通常被当做废弃物处理，有时被用作粗饲料，或者烧成草木灰进行还田处理，很少被深加工利用，这不仅造成资源的浪费，也影响了农副产品的加工及增值。

近年来出现许多关于小米谷糠的研究，例如小米谷糠油的功能成分分析等。小米谷糠油是一种植物性油，不仅具有高营养价值，还具有很高的附加值。小米谷糠的含油量高达 10% 以上，其中不饱和脂肪酸占 70% 以上。小米谷糠还被证明具有积极的保健功效，可以增强人体的自然愈合能力；所含有的亚油酸、维生素 E、谷维素、角鲨烯等天然植物营养成分，可以降低血液中的胆固醇含量，减少胆固醇在血管壁上的沉积。张爱霞等（2021）通过动物实验对小米谷糠膳食纤维的降血脂和血糖功能特性进行研究，结果表明，小米谷糠膳食纤维对血脂和血糖有一定的调节作用，且作用效果与用量密切相关。因此小米谷糠的开发，不仅能够有效利用农业的废弃资源，还能提高谷物加工副产物的附加值。

新鲜的小米谷糠营养丰富，人们已高度重视其在食品、化工以及医疗保健等领域的开发利用。但是，新鲜的小米谷糠质量不稳定，极易氧化酸败，致使其诸多营养成分遭到破坏，这在很大程度上阻碍了小米谷糠的进一步开发利用。

小米谷糠的储藏稳定性很差，是由很多原因导致的，这其中不仅包括小米谷糠中酶类的作用，还有微生物和昆虫的危害等。其中，最主要的影响因素是小米谷糠中的脂肪分解酶和脂肪氧化酶与油脂相互作用，致使油脂被分解为游离脂肪酸，脂肪酸的含量在极短时间内剧增，导致小米谷糠的 pH 下降，风味变差，功能营养成分下降，以至于无法达到食用目的。完整的小米谷粒中，油脂成分位于谷粒种皮的横断层中，脂肪酶等酶类成分位于与油脂成分位置不同的种皮层中，它们无法相互接触因而无法直接发生反应。小米碾白之后，脂肪酶等酶类混入小米谷糠中，与小米谷糠中的脂肪成分接触机会增多，导致油脂中的脂肪酸发生水解反应，产生游离脂肪酸，进而引起其酸价升高，产生的游离脂肪酸在酶类的作用下生成过氧化物，再进一步发生分解，形成醛、酮、酸等小分子，最终导致小米谷糠的氧化酸败。因此，抑制脂肪酶类的活力是延缓小米谷糠氧化酸败的有效手段。

（二）小米谷糠油的提取

目前，国内外有关谷糠油提取工艺的研究不多，国外仅 Devittori C 等（2003）人采用超临界二氧化碳萃取法对谷糠油的提取工艺做了优化，国内有学者采用异丙醇和正己烷分别提取谷糠油，并得出异丙醇的提取得率较高的结论。另外，国内也有关于超临界二氧化碳萃取谷糠油的报道，超临界二氧化碳萃取出的谷糠油各项指标都优于市售谷糠油。本节借鉴与谷糠油性质相似的米糠油等植物油脂的提取方法，简单介绍现代植物油脂的提取方法中的压榨法、有机溶剂浸提法和一些新兴的提取方法。

1. 压榨法

压榨法是借助物理压力（机械压力）挤压油料作物，从中分离出油的一种植物油脂提取方法，是一种比较传统的植物油脂提取方法。在整个过程中没有添加任何化学试剂，可确保提取出的油脂产品质量安全无污染。根据物料压榨前是否进行热处理，可以分为热榨法和冷榨法；根据物料残渣是否经浸提后再次压榨，可以分为一次压榨法和二次压榨法。压榨法与其他方法相比，优点是操作工艺比较简单，得到的油脂品质较好，不存在溶剂残留等问题，但是压榨后的饼（粕）残油量高，同时设备损耗较大，动力消耗较大。

2. 有机溶剂浸提法

有机溶剂浸提法是利用有机溶剂浸泡固体样品进行萃取，将固体样品中的油脂组分提取出来的一种方法。有机溶剂浸提法的优点是油脂的提取率高、生产效率较高、饼（粕）残油量较低，有益于实现大规模生产；缺点是采用异丙醇、石油醚等有机溶剂，浸提出的油脂会有一定程度的溶剂残留，同时油脂颜色普遍较深，总体质量品质比较差。

3. 超声波提取法

超声波提取法是利用超声波发射能量产生的空化效应、热效应和机械振动效应来加快油脂的渗出速率，以此提取油脂的一种新兴方法。目前，超声波提取法在提取生物活性物质方面已有广泛的研究，现在已有用于提取葵花籽油、葡萄籽油、杏仁油的报道。

4. 水酶法

水酶法是一种用酶制剂来破坏油料作物的细胞壁等结构，利用物理破碎作用使油料作物释放出油脂的油脂提取方法。该方法也可同时将含氮化合物和碳水化合物等非油成分分离出来。水酶法操作条件要求相对较低，操作工艺比较简单，且整个过程消耗能量低，具有一定的优势。

5. 超临界二氧化碳萃取法（SFE）

选用二氧化碳作为超临界流体来萃取物质，原理是萃取温度和压力等条件的变化对二氧化碳密度的影响作用，而二氧化碳的密度又与其溶解物质的能力有着密切的关系，从而能把极性不同、沸点不同的成分从原料中分离出来。二氧化碳之所以能作为超临界萃取的流体，是因为它具有一定的优势，一是二氧化碳的临界温度比较低，因此实验采用的萃取温度相对较低，对热敏性物质的破坏作用小，并有利于这些物质的提取；二是二氧化碳的临界压力不高，在临界压力上下的细小变化，都会对其溶解物质的能力产生影响。临界温度和临界压力上下任何细微的变化，都是重要的影响因素，因此可以通过调节温度和压力来有选择性地萃取所需要的成分。超临界二氧化碳萃取法的优点有萃取操作工艺简单，易于掌握；二氧化碳易回收且无溶剂残留；萃取的选择性比较强，且对萃取物的萃取得率比较高。超临界二氧化碳萃取法作为一种新兴的油脂提取法，具有绿色、环保、安全且无溶剂残留的巨大优势，今后有很大的利用空间。

小米谷糠作为谷子碾磨加工过程中的副产物，具有很高的营养价值，其细糠中的脂肪含量达到20%以上，谷糠油这一营养价值相当高的植物油有很好的利用价值和发展前景。但受小米谷糠油中的脂肪酶和氧化酶等酶类的影响，小米谷糠非常容易氧化变质，而这种变化在小米谷糠还未被加工利用时就已经发生。

目前，小米谷糠多被用作动物饲料，因此，解决小米谷糠容易氧化变质这一问题是充分利用谷糠资源的首要前提。从小米谷糠中提取出的谷糠油是一种营养价值很高的植物油脂，其不饱和脂肪酸含量高达 70% 以上，以亚油酸为主，其次是油酸，因而具有很高的食用价值。此外，谷糠油还有一定的药用价值，在防治皮肤病方面效果比较显著。所以，充分开发利用小米谷糠资源具有较为深远的意义。

四、大豆膳食纤维提取

（一）膳食纤维的应用

近年来，我国膳食纤维资源得到大力开发，提取膳食纤维的原料从早期的大豆、燕麦发展到现在的橘皮、茶渣，原料来源越来越丰富，膳食纤维的多种理化性质、生理功能得到非常广泛的应用，膳食纤维的工业化生产水平得到很大提高，产品也越来越丰富。

1. 在焙烤食品中的应用

在焙烤食品中加入膳食纤维，能改变制品的质构，提高其柔软度和疏松度，可以通过保持水分或防止水分迁移来控制食品含水量的不利变化，延长产品的货架期。以苹果皮渣膳食纤维饼干为例，（面粉按 100% 计，其他辅料分别按其质量的比例计算）原料占比为苹果皮渣膳食纤维 17%、油脂 25%、白砂糖 30%，对按照这一最佳配方生产的饼干进行测定，饼干营养成分指标测定结果为水分 3.70%、蛋白质 48.32%、膳食纤维 12.65%、脂肪 20.27%，且具有高膳食纤维、低热能等特点，有较高的营养价值。

2. 在饮料中的应用

在饮料中加入膳食纤维不仅可以改善饮料的口感，还可以补充饮料中的营养素。以膳食纤维在清爽型含乳饮料中的应用为例，在含乳饮料中加入大豆多糖膳食纤维，可以提高乳化稳定性、酸性条件下蛋白颗粒的稳定性、抗黏结性、成膜性能及发泡稳定性等。大豆多糖具有优良的稳定性和超低的黏度，是产品创新的优良原料。

大豆多糖溶液的黏度几乎不受盐浓度的影响，也不会导致体系形成凝胶，为各类矿物质强化乳饮料的创新带来了方便的选择。

3. 在糕点中的应用

在糕点中加入膳食纤维可以改善糕点的口感，同时具有良好的保健功能。以大豆膳食纤维冰激凌为例，按大豆膳食纤维 2%、甜味剂 14%、复合乳化稳定剂 0.4%、脂肪 6% 的配方制作出的冰激凌色泽自然、风味独特、组织细腻润滑、滋味和顺、香气纯正，还具有高保健功能性。

4. 在肉制品中的应用

在肉制品中加入膳食纤维不仅可以部分替代脂肪，减少能量摄入，其强大的增黏和凝胶化功能还可以显著减少加工损耗，提高产品出产率，改善口感。国内外学者大量的对比评价试验表明，膳食纤维在肉制品质构的改善中独具优势（纹理性及膨胀性），且可以提高肉糜及其发泡成分的稳定性、抑制微生物生长，是天然的功能性保鲜剂。

（二）关于大豆膳食纤维的研究

田成等（2010）对豆渣不溶性膳食纤维改性的工艺进行了优化。潘利华等（2011）对超声辅助提取大豆不溶性膳食纤维及其物理特性进行了研究。相对于豆渣可溶性膳食纤维，国内外对豆渣不溶性膳食纤维研究偏少。可能是因为可溶性膳食纤维在许多方面的生理功能较不溶性膳食纤维更强，如对结肠癌的防治效果比不溶性膳食纤维更好，因为可溶性膳食纤维在结肠中几乎完全被水解，产生的短链脂肪酸（如乙酸、丙酸、丁酸等）比不溶性膳食纤维多；在降低血液胆固醇含量方面及对有害物质的清除上都比不溶性膳食纤维效果好。

胡志和和陈建平（2009）对酶法和碱法结合制备大豆可溶性膳食纤维进行了研究；刘昊飞等（2008）对豆渣可溶性膳食纤维酶法制备及其应用进行了研究；徐广超（2005）对豆渣可溶性膳食纤维的制备及功能性进行了研究；柳嘉等（2011）、张平安等（2011）对响应面法优化豆渣可溶性膳食纤维提取过程进行了研究；张慧等（2011）总结了豆渣可溶性膳食纤维提取工艺的研究现状并进行展望；王庆玲等（2011）、徐启红和樊军浩（2011）、孙云霞（2003）对豆渣中可溶性膳食纤维提取方法进行了研究；王文侠等（2010）对纤维素酶法制备高活性大豆膳食纤维工艺进行了研究；潘进权等（2012）对毛霉发酵法制备豆渣可溶性膳食纤维及其在酸性乳饮料中的应用进行了研究。

涂宗财等（2009）对大豆可溶性膳食纤维的降血糖功效进行了研究；肖安红和陆世广（2010）研究了超细大豆皮膳食纤维对糖尿病模型小鼠糖耐量的影响；于学华等（2011）对大豆膳食纤维和低聚果糖的临床降糖效果进行了研究。近年来，膳食纤维的降血糖功能逐渐成为食品行业和医学界关注的热点，大豆膳食纤维的降血糖功效及其作用机理需进一步研究。

张娟等（2012）对大豆膳食纤维挂面制作工艺进行了研究；赵贵兴等（2006）对大豆膳食纤维的功能及其在食品中的应用进行了研究。研究表明将大豆膳食纤维应用于面制品（面条、面包）的生产，不仅可以提高产品的营养价值，还可以提高其柔软度和疏松度。因此，如果能够合理利用，大豆膳食纤维将会是很好的天然食品添加剂，不仅可以提高食品的品质，还可以减少资源的浪费和环境污染。

第四节　杂粮食品质量安全控制

杂粮食品质量安全控制包括原料农药残留、原料掺伪鉴定、加工过程中有害物质（丙烯酰胺等）控制、添加剂安全控制等。

一、杂粮食品质量安全分析检测

（一）杂粮食品质量安全

杂粮食品的食用品质是影响其发展的主要因素。杂粮口感较粗，外形不美观，胃肠功能较弱者吸收利用率不佳，极大地影响了产品的食用和消费。可加强对产品粒度、吸水性等产品特性与加工工艺的研究，以建立方便杂粮食品的感官评价体系和标准，以及影响杂粮口感和消化的因素的基础数据库，将方便杂粮食品的营养特性、加工工艺和消费者的偏好结合起来，生产出更符合市场消费需求的食品。

在杂粮加工领域中，口味单调、形式较为单一、单一品种的杂粮食品只含有某一种或几种营养素，不能全面满足人们对营养健康的要求。将多种五谷杂粮进行搭配加工，则有利于满足人们均衡补充营养素的需求。一些生产者为了提升产品的口感，在加工过程中会添加大量的氢化油，这就是反式脂肪。人们食用过多含氢化油的杂粮食品，容易引起肥胖，还会增加患高血脂、糖尿病和血管疾病的风险，因此在生产过程中要注意尽量少添加这一添加剂。

杂粮食品加工的关键控制环节有以下 5 个。

（1）谷物加工品：清理；碾米（糙米等除外）。

（2）谷物碾磨加工品：碾磨（谷物粒、粉）；灭酶（谷物片）。

（3）谷物粉类制成品：和面（面粉类制成品）；蒸粉（应用蒸粉工艺的米粉类制成品）；包装。

（4）容易出现的质量安全问题：水分超标；磁性金属物超标；超量、超范围使用食品添加剂。

（5）原辅材料的有关要求：原辅材料应符合《食品安全国家标准粮食》（GB 2715—2016）的规定以及相应原粮的质量标准，不得使用陈化粮；粮食包装要符合《粮食销售包装》（GB/T 17109—2008）的要求。

（二）分析检测

粮食加工品的发证检验、监督检验和出厂检验按表 5－7 中列出的检验项目进行。

表 5－7　谷物碾磨加工品质量检验项目表

检验项目	备注
感官（气味、口味）	
水分	
粗细度	谷物粉
灰分	谷物粉
含砂量	谷物粉
磁性金属物	谷物粉
脂肪酸值	麦片除外
皮胚含量	标准中有此项规定的
汞	豆粉类产品不检此项
铅	豆粉类产品不检此项
六六六	豆粉类产品不检此项
滴滴涕	豆粉类产品不检此项
甲基毒死蜱	豆粉类产品不检此项
溴氰菊酯	豆粉类产品不检此项
黄曲霉毒素 B_1	豆粉类产品不检此项
着色剂（柠檬黄、日落黄、胭脂红、苋菜红、亮蓝等）	视产品色泽而定

二、杂粮质量安全评价技术研究进展

（一）粮油物理特性的技术研究进展

粮油物理特性评价方法作为一种简便快速评价粮油质量的技术，在粮油收购、储藏、加工、运输、贸易等各个环节中具有不可替代的独特作用，是粮油质量评价的重要组成部分。

目前，粮油物理特性评价主要采用感官检验方法，粮食感官检验国家标准包括《粮油检验　感官检验环境照明》（GB/T 22505—2008）、《粮油检验　粮食感官检验辅助图谱　第 1 部分：小麦》（GB/T 22504.1—2008）等。粮油物理特性评价仪器及方法不断得到发展，研究开发的组合式砻谷碾米机适用于长、短粒型稻谷的砻谷与碾磨，解决了目前国内外小型砻谷机脱壳效果不好，小型碾米机碾磨不均匀、碎米率高等问题。具有选择单砻谷、单碾米、砻碾一次完成 3 种应用功能，配置了称量和计算软件，可单独制样，也可直接得到相关检验结果，减少了人工操作，降低了制样误差。

大米外观品质测定仪采用图像处理方法，可快速检测大米外观品质和整精米率，已经在稻谷质量测定等中推广应用，垩白粒率、不完善粒、黄粒米等指标的检测方法正在完善；基于图像处理技术研发的小麦粉加工精度测定仪也逐渐应用于小麦粉粉色、麸星的快速检测，相关研究证明测定结果与感官检验一致，能够准确反映小麦粉的加工精度。

包装粮食扦样器、连筒粮食扦样器等扦样器的研制，解决了长期困扰粮食质检工作的扦样难、扦样不准难题，实现了6米左右的包装粮堆以及高大房式仓、浅圆仓、立筒仓的散装静态粮食的有效扦样，并使所扦粮食检验样品杂质得到最大程度的控制，突破了《粮食、油料检验 扦样、分样法》（GB/T 5491—1985）关于"电吸式扦样器不适于杂质检验"的技术规定要求。

浮力法玉米容重测定方法的开发解决了高水分玉米容重测定的难题。色差仪用于检测面粉、面片色泽，对面片色泽的测试结果可以代替感官检测面条色泽，实现色泽度的量化。色差仪在馒头表面色泽测试中也体现了快速、准确的优势。现有研究已经确认可以通过直接检测稻谷以预测其在标准加工工艺下的出糙率、整精米率、垩白粒率等多项指标。

（二）杂粮化学组成检测技术进展

粮食中的化学成分为人类和动物提供了重要的营养基础，准确测定粮油中各化学组成含量是评价粮油质量的基础性工作。粮食中主要组成成分的检测仍以经典方法为主，但随着现代科学技术的快速发展，粮油检测技术已逐渐从一般性的检测扩展到快速、实时、在线和高灵敏度、高选择性的新型动态分析检测和无损检测，从单一指标的检测发展到多元、多指标的检测。

杂粮作物富含对人体健康有益的功能性活性成分，如大豆异黄酮、大豆皂苷、大豆低聚糖、膳食纤维、活性多糖、生物活性肽、酚酸类物质、γ-谷维素等。大豆异黄酮、大豆皂苷等常用分光光度法、高效液相色谱法或色谱质谱联用法测定，高效液相色谱法、毛细管电泳的应用提高了检测的效率。如采用毛细管电泳-激光诱导荧光-增强型电荷耦合器件系统，用异硫氰酸荧光素柱前衍生亮脑啡肽、甲硫脑啡肽、血管紧张肽、P物质4种生物活性肽，可在8分钟内完成快速分离检测；采用高效毛细管电泳法分离测定芦丁、槲皮素、绿原酸、咖啡酸、没食子酸和原儿茶酸6种酚类物质，6种物质在12分钟内可实现完全分离。

近红外网络技术能够同时、快速进行粮食多项品质指标检测，涵盖了粮食中的主要组成成分，已经成为国内外粮食品质检测的标准方法。近几年国内在应用红外光谱技术进行粮食品种鉴别和真实性检测方面开展了大量研究工作，取得了一定进展。

成像质谱显微镜技术可将光学显微镜图像与大气压下离子阱-飞行时间质谱分析所得的 5 纳米以下高分辨率分子分布图像进行结合观察，是具有划时代意义的尖端科学技术，可以作为观察粮食中特定分子、异物含量及其分布情况的新型工具，应用于大米、杂粮等不同品种间脂类物质的差异分析、分布情况、黄酮类化合物的分布特征、天然或合成色素的分布等研究，具有广阔的应用前景。

（三）杂粮储存品质评价技术进展

2006 年颁布实施的《小麦储存品质判定规则》《稻谷储存品质判定规则》和《玉米储存品质判定规则》（2015 年修订）3 项国家标准，对指导我国三大重要商品粮的合理储存和适时轮换起了重要的作用。近年来，科研工作者对稻谷、糙米、大米、小麦、小麦粉、玉米、裸大麦和大豆、花生仁、葵花籽、食用油脂等的储存品质评价及检测技术进行了较为深入的研究，归纳了不同储藏技术对粮油储存品质影响的变化规律，提出了一些影响粮油储存品质的敏感性指标，并采用现代检测技术，利用多元回归、模糊数学等方法建立了相应的快速、准确的评价方法和评价模型。

对大豆在储藏过程中品质变化的研究表明，粗脂肪酸价增加是品质劣变的征兆，由于现行的大豆中粗脂肪的酸价测定存在测定时间长等缺点，有学者提出以脂肪酸值为品质指标，不仅能正确判定大豆在储藏过程中的品质变化，还能满足大豆储藏过程快速检测的需要。通过研究判定大豆储存品质的主要指标，即水分、脂肪酸值和蛋白质溶解比率以及限量值，将蛋白质溶解比率指标确定为 70。

根据国内行业的需求，近年国内企业在国外稻谷新鲜度研究的基础上，考虑稻谷的种植区域、品种等影响因素，开展大量应用试验，成功研制了国内专用的大米测鲜仪。该仪器主要依据稻谷陈化过程中产生的醛酮类物质的量来判定稻谷的新鲜度，可以解决国内新陈稻谷的区分问题。在 2014 年的新稻普查过程中进行大米测鲜仪应用试验，粳稻新样与往年陈样的区分度达到 85% 以上，籼稻新样与往年陈样的区分度也达到 80% 左右。新鲜度值与现有稻谷储藏品质评价指标中的脂肪酸值呈线性相关关系，相关系数达−0.79。

与稻谷相比，小麦具有较好的耐储藏性，但某些储藏条件的变化，也会加速或抑制小麦的陈化过程。研究表明，储藏后期小麦的淀粉的理化指标变化显著。储藏过程中中筋小麦的发芽率下降，过氧化氢酶活动度降低，证明过氧化氢酶活动度是一个较易受环境影响的品质指标。储藏过程中，小麦的蛋白质含量变异幅度较小，但湿面筋含量和面团稳定时间的差异均达到显著水平，为进一步了解强筋小麦的后熟过程，探明强筋小麦在不同储藏期品质变化的特点提供了参考。

光度滴定仪法和智能电位滴定仪法是针对玉米储存品质判定中的关键指标——脂肪酸值测定中人工判断终点差异性大的问题而开发的，配有相应的国家标准及自动滴定分析仪技术条件与试验方法行业标准，为传统化学分析方法仪器化提供了重要标准支撑。

粮食安全水分研究方面，粮食平衡水分静态称重测定法是我国粮食储藏运输科技成果之一，在粮粒尺度分析了我国五大粮食种类的水分吸附（解吸）速率、有效水分扩散系数及活化能，同时创造了平衡水分方程，为我国《储粮机械通风技术规程》（LS/T 1202—2002）提供基础数据。和传统的粮食水分含量指标相比，粮食水分活度反映了谷物自由水的性质，更能直接反映粮食微生物的发生发展情况，是更为科学的储粮安全霉变指标，粮油籽粒水分活度测量方法的建立为今后提出统一的储粮安全新指标和进行霉菌发生预测研究提供了科学支撑。储粮真菌危害早期快速检测方法——真菌孢子计数法，可对储粮真菌生长（危害）情况进行判定，提前对储粮真菌危害进行检测和预报。

（四）杂粮质量安全技术研究进展

为满足粮食收购现场和基层实验室及时、快速检测污染物的需求，我国科研人员研究开发了多种粮食中重金属和真菌毒素的快速检测技术和设备：开发出无需化学提取、灵敏度满足限量要求、适用于现场快速检测的 X 射线荧光光谱分析法，可检测大米中镉等重金属；开发出操作简便、灵敏度高、可直接粉末进样、适用于基层实验室快速检测的固体直接进样原子荧光光谱分析法（AFS，可检测大米中镉等重金属）；开发出样品前处理速度快、处理批量大、环境友好、检测成本低、适用于实验室日常检验监测的常温稀酸温和提取进样石墨炉原子吸收光谱法，可快速检测粮食中的铅和镉。这些开发成果改变了传统的以高温、高压、强酸、强氧化剂消解为特点的粮食样品重金属分析前处理模式，前处理时间从几个小时以上缩短至十几分钟以内，大大提高了样品前处理的效率和分析通量。随着金属螯合抗体技术的成熟，胶体金技术也应用到对重金属镉、汞、铅、铜等的快速检测中，国内相关企业率先推出了胶体金定性及定量产品，在该领域实现了国际领先。

粮谷中真菌毒素的免疫速测技术研究已取得较大进展，先后研制出了黄曲霉毒素等真菌毒素单克隆抗体，开发了试纸条、ELISA 试剂盒、黄曲霉毒素速测仪等产品；颁布了谷物中脱氧雪腐镰刀菌烯醇测定及用玉米赤霉烯酮胶体金快速测试卡法进行定性和定量测定的行业标准。同时，等离子谐振传感器（SPR）等传感器在粮油食品的真菌毒素检测中应用更加成熟，配套的一些技术设备已在进行产业化开发。此外，随着真菌毒素检测需求的增加，检测过程也朝着无毒化方面进展，通过噬菌体抗体库的筛选，目前研究已突破模拟抗原、模拟标准品的替代技术，后期在真菌毒素检测过程中可以实现无毒化试剂盒的普及应用。

在农药残留快速检测方面，酶抑制法仍然是目前快速检测有机磷和氨基甲酸酯类农药残留的主流技术，有速测卡、速测仪等形式的产品。生物传感器和免疫分析技术的灵敏度和选择性更强，可以快速检测的农药种类更多，有望成为新的农药残留快速检测主流方法。同时，新的技术如纳米技术、拉曼光谱技术等，也在不断拓宽可检测的常用农药和禁用农药的种类。

在农药和其他化学残留方面，开发的 QuEChERS 前处理三重四级杆型气质联用仪 GC－MS/MS，可同时检测大米中的 54 种农药；开发的超高效液相色谱分离三重四极杆质谱联用技术，可同时测定大米中的 10 种氨基甲酸酯农药等，使样品的处理和色谱分离更快和高效；开发的在线凝胶色谱串联气质联用仪 GPC－GC－MS/MS，可测定大豆油中的 42 种农药残留含量、食用油中的 22 种邻苯二甲酸酯类增塑剂含量，操作更加简单便捷，分析速度更快；开发的在线超临界色谱系统（SFE－SFC－MS）可显著简化萃取等前处理过程，极大地缩短了样品前处理过程所消耗的时间，减少有机溶剂使用量，提高实验效率，降低环境负荷。以食品中农药残留的分析为例，仅仅在预处理阶段，在线超临界色谱系统就可将传统的人工操作方法需要的 35 分钟缩短至 5 分钟，且可在提高效率的同时减少人为误差。

（五）被污染杂粮处置技术研究进展

受气候变化、环境污染及不规范使用农药和耕作收获方式改变等的影响，粮食中真菌毒素、重金属、农药残留超标问题时有发生，由此带来的粮油食品质量安全威胁已引起政府和社会的广泛关注。为进一步提高我国粮油食品质量安全的保障水平，我国粮食科研院所、高校等科研机构在储粮霉菌和真菌毒素的生物防治以及粮食中重金属污染情况评价与减控等方面，开展了大量的研究工作，取得了良好进展和可喜的成果。

我国多个机构在多个地区开展了大量的土壤或粮食中的重金属污染调查研究和评价工作，已初步掌握了粮食中的重金属含量状况及其在加工过程中的迁移规律，并在实验室阶段完成了粮食加工过程中重金属脱除的部分技术的研发。如通过风选、色选、热处理、微波、紫外线、漂洗等前处理技术，可显著降低粮食中的真菌毒素含量或将毒素破坏、降解为低毒或无毒产物；通过调整粮油加工过程中的工艺和应用一些物理、化学方法，特别是生物降解方法，可在降低、破坏毒素的前提下提升制品的营养品质等。此外，通过在粮食及其制品的饲用过程中添加吸附添加剂等，可减少毒素的危害。

　　生物降解技术是近几年的研发热点，目前研究结果已初步展示其环境友好、高效和不破坏营养等优点。一些研究机构已经获得多株可高效降解真菌毒素的微生物菌株和相关功能基因，利用基因克隆、高效表达、质谱分析技术等获得了多种降解菌和降解酶，并解析了部分降解菌和降解酶对真菌毒素的降解机制，完成了对降解产物的安全性评价。特别是相继完成的呕吐毒素污染小麦、多种毒素污染玉米副产物的脱毒技术的工艺研究和技术中试，均取得预期效果，并逐步在行业中展开应用，相关研究成果已经申报或授权 8 项发明专利。生物技术的应用为粮食霉菌控制和真菌毒素脱除开辟了安全、高效、绿色的新途径。

参 考 文 献

柴岩，2009. 糜子（黄米）的营养和生产概况［J］. 粮食加工，34（4）：90-91.

柴岩，张洪程，程映国，等，2008. 中国特色作物产业发展研究［M］. 咸阳：西北农林科技大学出版社.

陈起萱，凌文华，马静，等，2000. 黑米和红米对兔主动脉脂质斑块面积和血脂的影响［J］. 卫生研究，29（3）：170-172.

陈文，王磊，唐艳芳，等，1996. 黑优粘米酶解水提液延缓衰老作用研究［J］. 上海农学院学报（4）：258-261.

成楠，2018. 杂粮复合豆沙馅营养与功能品质研究及其应用［D］. 贵阳：贵州大学.

崔克勇，王闰平，2005. 山西省小杂粮产业发展对策探讨［J］. 中国农学通报（1）：332-332.

崔霞，2018. 山西做强做优小杂粮产业的路径思考［J］. 中共山西省委党校学报，41（2）：67-71.

刁现民，2009. 中国的谷子生产与产业发展方向［C］//首届全国谷子产业大会论文集.

董丽，1997. 醋糟再利用初探［J］. 中国调味品（3）：20.

董良利，2008. 山西杂粮产业化的现状及对策［J］. 中国农学通报（10）：575-578.

董良利，景小兰，田洪岭，2008. 醋糟栽培双孢菇的研究［J］. 中国农学通报（9）：425-428.

杜连启，朱凤妹，2009. 小杂粮食品加工技术［M］. 北京：金盾出版社.

冯明，2020. 山西小杂粮全产业链构建思考［J］. 广东蚕业，54（9）：103-104.

顾德法，李军，易扬华，等，1996. 紫黑糯米皮层对促进小鼠骨髓祖细胞分化和脾淋巴细胞增殖的影响［J］. 中国水稻科学（4）：250-252.

何东平，白满英，王明星，2014. 粮油食品［M］. 北京：中国轻工业出版社.

侯国亮，赵守贤，程灵芝，等，2011. 醋糟栽培白灵菇的示范与推广［J］. 中国食用菌，30（6）：65-66.

胡平，2004. 杂粮文明和杂粮文化［J］. 商业文化（6）：6-7.

胡志和，陈建平，2009. 酶法制备可溶性大豆膳食纤维研究［J］. 食品研究与开发，30（2）：11-14.

黄玉，岑立烨，梁宗燊，等，1989. 紫糯米生物活性研究（之二）：墨米提取物生物活性实验研究［C］//中国营养学会第二届营养资源学术会议论文汇编.

霍成，张万昆，2019. "互联网＋"背景下山西面塑艺术的数字化保护和设计开发［J］. 科技经济导刊（6）：1.

姜楠楠，2018. 山西面食文化传承与品牌创新［D］. 武汉：华中师范大学.

蒋卉, 2013. 杂粮复合米方便米饭品质改良研究 [D]. 武汉: 武汉轻工大学.

李国平, 2017. 粮油食品加工技术 [M]. 重庆: 重庆大学出版社.

李军, 顾德法, 1996. 紫黑糯米皮层稀醇提取物的药理研究 [J]. 上海农学院学报, 14 (4): 282-285.

李璐, 李宗军, 2011. 新型米糠功能食品的研究 [J]. 农产品加工 (学刊) (7): 105-107, 130.

刘恩岐, 梁丽雅, 2006. 粮油食品加工技术 [M]. 北京: 中国社会出版社.

刘恩岐, 张建平, 2001. 燕麦加工技术与产业化开发途径 [J]. 山西食品工业 (4): 36-38.

刘昊飞, 程建军, 王蕾, 2008. 酶法制备豆渣水溶性膳食纤维 [J]. 食品工业科技 (5): 202-204, 207.

刘佳佳, 2012. 历史视角下的山西面食文化研究 [D]. 武汉: 华中师范大学.

刘晓松, 付亭亭, 姚佳, 等, 2019. 4 种杂粮预熟化工艺及其复配产品的研究 [J]. 食品科技, 44 (2): 170-177.

刘志玲, 刘双, 2011. 论山西杂粮产业化发展优势、存在的问题及对策 [J]. 农业科技管理, 30 (5): 78-80.

柳嘉, 李坚斌, 刘健, 等, 2011. 响应面法优化豆渣水溶性膳食纤维提取过程的研究 [J]. 食品科技, 36 (9): 276-280.

龙国徽, 2015. 大豆蛋白的结构特征与营养价值的关系 [D]. 长春: 吉林农业大学.

卢智, 柳青山, 杨倩钰, 等, 2018. 基于响应面法和质构分析的复合果蔬曲奇工艺优化 [J]. 粮食与油脂, 31 (7): 77-80.

陆旋, 阚斐, 2013. 农产品深加工与创新创业 [M]. 北京: 化学工业出版社.

马静, 凌文华, 葛慧, 等, 1999. 红米对大鼠血脂及抗氧化系统的影响 [J]. 食品科学 (10): 54-55.

马蕴欣, 2016. 小米谷糠稳定化及谷糠油提取工艺的研究 [D]. 济南: 齐鲁工业大学.

牛晓峰, 2013. 山西杂粮主食产业化发展探究 [J]. 农产品加工 (8): 24-25.

潘进权, 伍惠敏, 陈雨钿, 2012. 毛霉发酵法制备豆渣可溶性膳食纤维的研究 [J]. 食品科学, 33 (15): 210-215.

潘利华, 徐学玲, 罗建平, 2011. 超声辅助提取水不溶性大豆膳食纤维及其物理特性 [J]. 农业工程学报, 27 (9): 387-392.

曲佳佳, 张蕙杰, 麻吉亮, 2021. 中国杂粮生产及贸易形势展望 [J]. 农业展望, 17 (5): 78-85.

宋春雪, 2011. 醋糟的研究与利用现状 [J]. 中国调味品, 36 (12): 1-4.

宋春雪, 张茜, 李丽华, 2009. 一种利用熏醋糟制曲的方法: CN200910141940.1 [P].

宋真真, 2014. 豆渣膳食纤维的制备及其降血糖功能与面条工艺优化研究 [D]. 咸阳: 西北农林科技大学.

苏旺, 2010. 西部特色杂粮产业发展的 SWOT 分析 [D]. 咸阳: 西北农林科技大学.

孙玲, 张名位, 池建伟, 等, 2000. 黑米的抗氧化性及其与黄酮和种皮色素的关系 [J].

营养学报（3）：246-249.

孙瑞贞，2013. 小米糠中亚油酸的提取及深加工利用［D］. 太原：山西大学.

孙云霞，2003. 豆渣中水溶性膳食纤维提取方法的研究［J］. 食品研究与开发，24（3）：34-35.

汤兆铮，2002. 杂粮主食品及其加工新技术［M］. 北京：中国农业出版社.

唐萍，2015. 特殊人群杂粮营养早餐配方及工艺研究［D］. 成都：西华大学.

陶瑞霄，邓林，2018. 主食加工实用技术［M］. 成都：四川科学技术出版社.

田成，莫开菊，汪兴平，2010. 水不溶性豆渣膳食纤维改性的工艺优化［J］. 食品科学（14）：148-152.

田应娟，2011. 啤酒糟多肽的分离纯化及降血糖活性研究［D］. 广州：华南理工大学.

田志芳，孙振，2014. 山西杂粮产业链创建与加工技术升级［J］. 农产品加工（7）：19-21.

涂宗财，李志，陈钢，等，2009. 大豆可溶性膳食纤维降血糖功效的研究［J］. 食品科学（17）：294-296.

王黎明，马宁，李颂，等，2014. 藜麦的营养价值及其应用前景［J］. 食品工业科技，35（1）：381-384，389.

王琳琳，凌文华，马静，等，2002. 黑米皮对高脂诱导的家兔动脉粥样硬化形成的影响［J］. 营养学报，24（4）：372-376.

王庆玲，董娟，汪继亮，2011. 豆渣中可溶性膳食纤维提取工艺的研究［J］. 中国酿造（3）：139-142.

王威，2019. 基于山西汾酒文化发掘对品牌保护的研究［J］. 旅游纵览（下半月）（10）：231-232，234.

王文侠，张慧君，宋春丽，等，2010. 纤维素酶法制备高活性大豆膳食纤维工艺的研究［J］. 食品与机械（2）：118-122.

王星玉，1984. 山西省黍稷（糜）品种类型及其分布［J］. 种子通讯（4）：19-23.

王煦晔，2016. 醋糟特性及其基质化利用研究［D］. 晋中：山西农业大学.

王艳茹，2016. 小杂粮生产技术［M］. 石家庄：河北科学技术出版社.

王月慧，2011. 小杂粮加工技术［M］. 武汉：湖北科学技术出版社.

王中年，郭文华，2013. 圆梦杂粮王国的主食产业——寻觅山西杂粮主食工业化发展之路［J］. 农产品加工（8）：22-23.

魏爱春，杨修仕，么杨，等，2015. 藜麦营养功能成分及生物活性研究进展［J］. 食品科学，36（15）：272-276.

温贺，石丽娟，朱琴，等，2018. 搅拌型高粱酸奶加工工艺初探［J］. 山西农业大学学报（自然科学版），38（2）：71-76.

吴继红，2006. 杂粮加工［M］. 北京：中国农业科学技术出版社.

吴小勇，曾庆孝，田金河，等，2004. 绿豆的浸泡工艺及其对绿豆种子萌发的影响研究［J］. 食品工业科技（2）：104-105，108.

吴跃，2015. 杂粮特性与综合加工利用［M］. 北京：科学出版社.

肖安红，陆世广，2010. 超细大豆皮膳食纤维对糖尿病模型小鼠糖耐量的影响 [J]. 食品科学，31 (21)：329 - 331.

肖正春，张广伦，2014. 藜麦及其资源开发利用 [J]. 中国野生植物资源，33 (2)：62 - 66.

肖作福，1991. 粮油作物生产技术 [M]. 沈阳：辽宁人民出版社.

信亚伟，孙惜时，谈甜甜，等，2015. 食醋的营养价值和保健功能作用研究进展 [J]. 中国调味品，40 (2)：124 - 127.

徐飞，王恩美，顾德法，1989. 紫黑米提高贫血大鼠血红蛋白作用的研究 [J]. 营养学报 (2)：120 - 125.

徐广超，2005. 豆渣可溶性膳食纤维的制备及功能性的研究 [D]. 无锡：江南大学.

徐启红，樊军浩，2011. 豆渣中可溶性膳食纤维提取工艺研究 [J]. 农业机械 (10)：120 - 122.

徐勇刚，叶树良，2015. 五谷杂粮 [M]. 杭州：浙江科学技术出版社.

许阳，2012. 燕麦米产品研发及其减肥降脂作用的动物评价 [D]. 咸阳：西北农林科技大学.

严泽湘，2013. 杂粮保健食品加工技术 [M]. 北京：化学工业出版社.

杨文灿，2014. 苦荞八宝粥的加工工艺及功能成分研究 [D]. 晋中：山西农业大学.

杨治业，2010. 山西农特产品加工与营销 [M]. 太原：山西经济出版社.

姚岭柏，2008. 裸燕麦方便米的加工工艺及燕麦米饭抗老化的研究 [D]. 呼和浩特：内蒙古农业大学.

要宇晨，2017. 山西老陈醋产业发展战略研究 [D]. 太原：山西农业大学.

于学华，韩萍，张晓峰，等，2011. 大豆膳食纤维和低聚果糖临床降糖效果研究 [J]. 河南预防医学杂志，22 (3)：166 - 167，172.

张爱霞，刘敬科，赵巍，等，2021. 一种慢消化，低血糖生成指数的食品及其制备方法：112262956A [P]. 2021 - 06 - 18.

张慧，肖志刚，王东，2011. 豆渣水溶性膳食纤维提取工艺的研究现状与展望 [J]. 大豆科技 (5)：27 - 30.

张娟，蔺佳慧，杨昉明，2012. 大豆膳食纤维挂面的工艺研究 [J]. 食品科技 (8)：152 - 157，161.

张鹏，2006. 杂粮食品加工 [M]. 北京：中国社会出版社.

张平安，李宁，赵秋艳，等，2011. 响应曲面法优化豆渣可溶性膳食纤维提取工艺 [J]. 粮食加工，36 (5)：3.

张雪，2017. 普通高等教育"十三五"规划教材粮油食品工艺学 [M]. 北京：中国轻工业出版社.

张耀文，邢亚静，崔春香，等，2006. 山西小杂粮 [M]. 太原：山西科学技术出版社.

赵贵兴，陈霞，赵红宇，2006. 大豆膳食纤维的功能及其在食品中的应用 [J]. 中国油脂，31 (10)：27 - 28.

赵萍，2004. 粮油食品工艺 [M]. 兰州：甘肃科学技术出版社.

郑红，2017. 杂粮加工原理及技术［M］. 沈阳：辽宁科学技术出版社.

郑娜，2016. 山两醋品牌发展需经过两个阶段［N］. 发展导报，2016 - 05 - 10（4）.

钟耀广，刘长江，2009. 我国功能性食品存在的问题及展望［J］. 食品研究与开发，30（2）：166 - 168.

周琼，2019. "互联网＋"时代山西面塑文化的传播［J］. 中国民族博览（3）：2.

庄桂，2005. 糖化醋渣制取酵母单细胞蛋白物料酿造酱油的研究［J］. 中国酿造（11）：26 - 29.

Devittori C，Widmer P，Nessi F，et al.，2003. Multifrequency Ultrasonic Actuators with Special Application to Ultrasonic Cleaning in Liquid and Supercritical CO_2［R］. Le Locle：Witter Publishing，Inc.

图书在版编目（CIP）数据

山西特色杂粮深加工技术研究／朱俊玲著 . —北京：中国农业出版社，2024.1
ISBN 978-7-109-31256-2

Ⅰ.①山…　Ⅱ.①朱…　Ⅲ.①杂粮－食品加工　Ⅳ.①TS210.4

中国国家版本馆 CIP 数据核字（2023）第 197773 号

中国农业出版社出版

地址：北京市朝阳区麦子店街 18 号楼
邮编：100125
责任编辑：李昕昱　　文字编辑：吴沁茹
版式设计：李　文　责任校对：周丽芳
印刷：北京中兴印刷有限公司
版次：2024 年 1 月第 1 版
印次：2024 年 1 月北京第 1 次印刷
发行：新华书店北京发行所
开本：700mm×1000mm　1/16
印张：10
字数：200 千字
定价：68.00 元